CHAWENHUA
一片树叶
的传奇 茶文化简史

中国茶叶博物馆 组织编写
吴晓力 主编

九 州 出 版 社
JIUZHOUPRESS 全国百佳图书出版单位

图书在版编目（CIP）数据

一片树叶的传奇 ：茶文化简史 / 吴晓力主编 . —北京 ：九州出版社，2018.10（2022.11重印）

ISBN 978-7-5108-7581-6

Ⅰ．①一⋯ Ⅱ．①吴⋯ Ⅲ．①茶文化－文化史－中国－青少年读物 Ⅳ．① TS971.21-49

中国版本图书馆 CIP 数据核字（2018）第 253364 号

一片树叶的传奇：茶文化简史

作　　者　吴晓力　主编
出版发行　九州出版社
地　　址　北京市西城区阜外大街甲 35 号（100037）
发行电话　（010）68992190/3/5/6
网　　址　www.jiuzhoupress.com
电子信箱　jiuzhou@jiuzhoupress.com
印　　刷　山东海印德印刷有限公司
开　　本　850 毫米 ×1168 毫米　16 开
印　　张　12.75
字　　数　204 千字
版　　次　2018 年 12 月第 1 版
印　　次　2022 年 11 月第 3 次印刷
书　　号　ISBN 978-7-5108-7581-6
定　　价　58.00 元

本书编委会

主　编：吴晓力

副主编：李　靓　周　彬

目　录

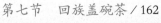

中國茶葉博物館
CHINA NATIONAL TEA MUSEUM

第一篇 茶史溯源

茶是中国对人类、对世界文明所作的重要贡献之一。中国是茶树的原产地，是最早发现和利用茶叶的国家。几千年来，随着饮茶之风不断深入中国人民的生活，茶文化在我国悠久的民族文化长河中不断丰厚和发展起来，成为东方传统文化的瑰宝。

第一章 孕育发轫的早期茶

第一节 我的故乡在中国
——野生大茶树记

我是茶树，为一种多年生的常绿木本植物，在植物界大家庭中分属于被子植物门（Angiospermae），双子叶植物纲（Dicotyledoneae），山茶目（Theales），山茶科（Theaceae），山茶属（Camellia）。

早在距今6000—7000万年前，我就已经生长在地球上了。科学家们曾在中生代末期白垩纪地层中发现了我所属的山茶科植物的化石，从而推测我应该起源于中生代末期至新生代早期。那是一个造山运动剧烈，恐龙逐渐灭绝，哺乳动物开始出现并繁盛的时期。

我究竟起源于何地？自古以来，世人公认我的故乡在中国。早在1753年，瑞典植物学家林奈在其著作《植物种志》中就将我定名为Theasinensis L.，后又改为Camellia sinensis L.，其中"sinensis"就是拉丁文"中国"的意思。但自从1824年驻印英军少校勃鲁士在靠近印度东部边境的阿萨姆省沙地耶地区发现了野生状态的大茶树后，学术界对于茶树的原产地问题就有了分歧，并引发了一场持续了100多年的茶树原产地之争。彼时，国外学者主要有以下四种不同的观点：原产中国说、原产印度说、原产东南亚说、二元说（认为大叶种茶树原产于中国青藏高原的东南部一带，包括中国的四川、云南、缅甸、越南、泰国和印度等

四球茶籽化石，1980年出土于贵州省晴隆县碧痕镇，时代为晚第三纪至第四纪，距今至少已有100万年

地，小叶种茶树则原产于中国的东部和东南部）。当时，以吴觉农先生为代表的中国学者列举了大量的史实来论证茶树确实原产于中国，但苦于没有发现野生大茶树实物而被人质疑。后来，随着科考工作的不断深入，科学家们终于在云南的原始丛林中发现了土生土长的活生生的中国野生大茶树，并且经检测，云南野生大茶树的生长年代相比印度大茶树更早，数量更多，分布也更为广泛。这一发现震惊了世界，从此关于茶树原产地的问题有了肯定的、统一的答案，那就是中国，确切地说是中国的西南地区（包括云南、贵州、广西、广东、四川等地）。

现在，就让我们来认识一下这些古老、神奇且珍贵的野生大茶树吧！

"千家寨1号"古茶树

"千家寨1号"古茶树，位于云南省千家寨哀牢山海拔2450米的原始森林中，是目前世界上发现的最大、最古老的野生型大茶树，树龄约2700岁，树高25.6米，树幅22米，干径0.9米，叶片平均大小14厘米×5.8厘米。2001年初，上海大世界吉尼斯总部授予它最大的古茶树"大世界吉尼斯之最"的称号。

巴达野生大茶树

巴达野生大茶树，生长于云南省勐海县巴达贺松大黑山海拔1900米的自然保护区中，树高23.6米，树幅8.8米，干径约1米，树龄超过1700多年。2012年，由于极度衰老，这棵大茶树树干中空而枯死倒伏。

邦崴古茶树，生长在海拔1900米的云南省邦崴村，树龄1000余年，树高11.8米，树幅9米，基部干径1.14米，最低分枝0.7米。它是迄今为止全世界范围内发现的唯一的过渡型古茶树，是中国作为茶树原产地的关键证据。1997年，我国发行的一套四枚茶邮票中的第一枚《茶树》邮票就是邦崴古茶树。

邦崴古茶树

南糯山大茶树

南糯山大茶树，位于云南省南糯山，于20世纪50年代被发现，株高8.8米，树幅9.6米，干径1.38米，树龄800多年，属栽培型古茶树，可惜树体于1994年死亡。

香竹箐大茶树，位于海拔2245米的云南省香竹箐自然村，树高9.3米，树幅8米，基部干径1.85米，据说树龄已达3200年以上，是目前世界上发现的最古老、最粗大的栽培型古茶树，被人们称之为"锦绣茶祖"。

香竹箐大茶树

据不完全统计，中国已有10个省、市（区）200多处发现有野生大茶树，仅云南省就有树干直径超过1米的大茶树10多处。目前，全世界山茶科植物有23个属、380多个种，其中中国就有15个属、260余种。随着科学研究的不断深入及细化，茶树原产中国的证据更加地充分、客观，我的故乡不再是个谜，中国是茶树名副其实的原产地，中国的西南地区是茶树原产地的中心。

第二节　神奇的水晶肚
——茶最初的发现及使用

在当代，茶不仅是中华民族的举国之饮，更是风靡世界的健康饮料，目前全世界有50多个国家种茶，有160多个国家和地区的人喝茶。俗话说"饮水思源"，那"饮茶"的"源头"又在哪里呢？生长在莽莽原始丛林中的野生茶树又是谁第一个发现并使用的呢？带着这些问题，我们先来看一个古老的传说故事。

很久很久以前，我们的祖先还没有掌握"取火"的方法，吃东西都是生吞活剥的，因此经常生病闹肚子。当时的部落首领神农为了给大家治病，总是走很远很远的路到深山野岭中去采集草药，并亲口尝试，以体会、鉴别各种草药的药性。

据说神农生来就有个像水晶一样透明的肚子，五脏六腑全都能看得一清二楚，因此他尝百草的时候，能看见植物在肚子里的变化，以此来判断哪些食物能吃，哪些不能吃。有

神农像

一天，神农吃到了一些有毒的野草，顿时觉得口干舌麻，腹痛难忍，情急之下他随手扯下一种开着白花的绿树叶吃下，只觉得这树叶味虽苦涩但有清香回甘，食后更觉精神振奋，通体舒畅。更神奇的是，肚子里的毒素被这种树叶清除得干干净净，就像是巡视员清查过一样，于是他就将这种树叶称作"茶"。从此，每当外出尝百草时，神农便将茶叶随身携带以便解毒。他还把茶推荐给部落的人们，使更多的人免受瘟疫灾害之苦。

上述故事的主人公神农（也称神农氏）其实就是炎黄二帝中的炎帝，他生活在大约距今5000多年前的神农时代，是我们中华民族的伟大祖先之一。传说他遍尝百草，发现五谷和药材，教会人们医治疾病，同时还发明了农具，教人们种田、用火，因此被后世奉为农业与中医药之神。

传说故事固然有其不实之处，但在一定程度上也反应了当时的真实生活。成书于汉代的《神农本草经》有载："神农尝百草，日遇七十二毒，得荼而解之。""荼"为"茶"字的古体，这是茶叶作为药用的最早记载。

唐代陆羽《茶经·六之饮》中也有"茶之为饮，发乎神农氏"的记述。可以肯定的是：茶叶早在神农时代就已被我们的祖先发现，并作为一味中草药使用，具体的方法是直接咀嚼茶树鲜叶。至于，茶是否是神农首先发现的，还有待考证。有学者指出，神农其实是华夏祖先认识自然、改造自然的集体经验智慧的一个化身。如此说来，神农尝百草而发现茶这一说法是可信的。

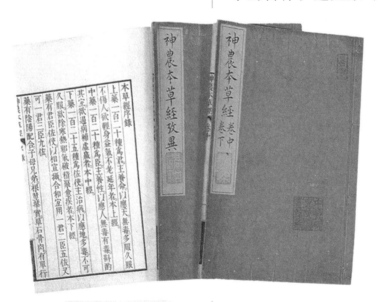

《神农本草经》

基诺族吃茶的传统

慢慢地，茶除了生吃以作药用外，还被当作野菜来食用。到山野去采摘野生茶树的鲜叶，交通十分不便，如果遇上下雨就更加困难，采来的新鲜叶子也不容易保存，所以，人们就把天晴时采来的叶子晒干贮藏，以便随时取用，这可以说是最原始的茶叶加工方法。如果遇上连续的阴雨天，茶叶没办法晒干怎么办呢？我们的祖先就把茶叶灌进瓦罐或竹筒里并压实，放置一段时间后，直接开罐食用。这样的茶叶叫作腌茶。直到今天，云南南部的一些少数民族如景颇族、德昂族，仍然还有加工腌茶和食用腌茶的习惯。

随着燧人氏钻木取火的成功，人类文明开始进入一个新的阶段，即食物从生吃发展到熟吃，茶叶也随之从生吃发展为生煮羹饮。

中国茶叶博物馆内的吴理真像

第三节　茶的最先种植者

随着人们对茶叶的使用量日益增加，野生的茶树数量有限，而且路途遥远，采摘十分不便。慢慢地，我们的祖先就学会了人工种植茶树。那么，究竟谁是第一个种茶人呢？

据史料记载，一位名叫吴理真的人被认为是中国乃至全世界有明确文字记载的最早种茶人。早在西汉年间，他就在四川的蒙山上清峰一带手植茶树，并留下了很多脍炙人口的故事。

吴理真，号甘露道人，道家学派人物。他从小家境贫寒，父亲早逝，母亲积劳成疾，小小年纪每天起早贪黑，割草拾柴，换米糊口，为母亲治病。

一天，吴理真拾好柴，口渴得直冒火，顺手揪了一把野生茶树叶，放在口中咀嚼，食后发现口舌生津，困乏渐消，精神倍增，颇感神奇。于是，他又摘了些树叶带回家中，用水煎煮，让老母饮下，果然有效，连服数日，病情好转。一传十，十传百，后来，乡亲们病了，也都用这种叶子煮水饮用。可惜这种树不多，不能满足治病救人的需要，于是吴理真决心培育出更多的茶树。

他跑遍蒙山采摘茶籽，又仔细分析研究野生茶树的生长环境，发现蒙顶上清峰一带雨量充沛，土质肥厚，终年云遮雾绕，十分适宜茶树生长。为了种茶，他还在荒山野岭搭棚造屋，掘井取水，开垦荒地，播种茶籽，管理茶园，投入了自己的全部心血。几经失败，功夫不负有心人，最后终于培育成功，吴理真植茶为民的事迹开创了人工种茶的先河，他本人也被后人尊称为"茶祖"。在蒙顶山上，至今还尚存有蒙泉井、皇茶园、甘露石室等与吴理真有关的古迹。

四川雅安蒙山吴理真种茶遗址

需要补充说明的是，近几年来，随着茶文化研究的不断深入，有专家指出，吴理真有可能是宋代以后蒙山地区民间虚构出来的人物形象，"人工植茶第一人"就像"水稻种植第一人""小麦种植第一人"等一样，是无法可考的。但可以肯定的是，蒙山及巴蜀地区远在先秦至迟在秦汉时期，就开始了人工种植茶树，并慢慢将茶从食用、药用发展为饮用。

第四节 爱喝茶的古巴蜀人

清代著名学者顾炎武在其著作《日知录》中曾说："自秦人取蜀而后，始有茗饮之事。"意思是说，自从秦国吞并巴蜀以后，才开始有饮茶这件事。也就是说，中国其他地区饮茶是以巴蜀为起点传播开来的。为什么会有这么一说呢？巴蜀又在

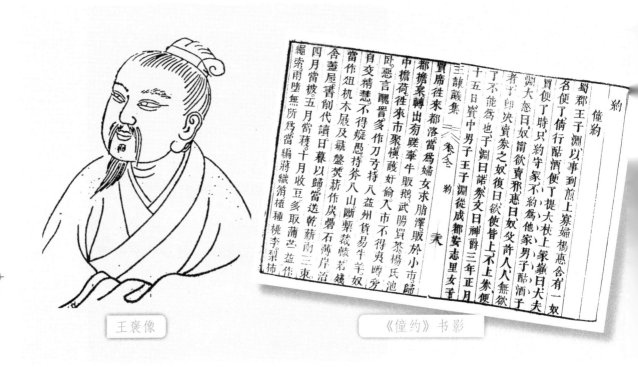

《华阳国志·巴志》书影

哪里呢？就听我慢慢道来。

先秦时期的巴蜀地区即今天的重庆、四川一带。茶从我国西南地区顺江河流入古巴蜀国，并很快发展起来。我国最早的一部地方志书《华阳国志》有载："武王既克殷，以其宗姬封于巴，爵之以子……鱼、盐、铜、铁、丹、漆、茶、蜜……皆纳贡之。其果实之珍者：树有荔枝，蔓有辛蒟，园有芳蒻、香茗、给客橙、葵。"这一史料说明，早在3000年前的周武王时期，古巴蜀国的人们已开始种茶于园圃，并把它们作为地方的特产，进献给周武王。这是我国人工栽培茶树及把茶作为贡品的最早的文字记载。

王褒像

《僮约》书影

到了汉代，巴蜀地区饮茶已较为普遍，茶成为商品，在集市中进行买卖。公元前59年，西汉川人王褒在他买卖家奴的文书《僮约》中明确规定，家奴便了所干的活计中有"烹茶尽具"以及"武阳买茶"两项。"烹"即"烹煮"，"尽"通"净"，由此可知，早在2000多年前的巴蜀上层人家，茶是煮着喝的，并且煮茶前要把茶具清洗干净。不仅如此，当时还形成了武阳这样的茶叶买卖市场。《僮约》也成为了世界上茶叶商品化的最早记载。

三国时魏人张揖在他的《广雅》一书中，对当时荆巴一带的饮茶方式进行了详细的描述，书中写道："荆巴间，采茶作饼，叶老者饼成，以米膏出之，都煮茗饮，先炙令赤色，捣末入瓷器中，以汤浇复之，用葱、姜、桔子

武阳茶市老街

芼之。"意思是说，荆巴一带的人们把采摘的茶叶制成饼状，若是叶老的就和米膏一起搅和成茶饼。煮饮时，先将茶饼炙烤成深红色，再捣成茶末放置于瓷器中，并混和葱、姜、橘皮等物，一起煮饮。这一时

东汉原始瓷灶（中国茶叶博物馆馆藏）

期，简单的茶叶加工已经出现，生煮羹饮的喝茶方式也较早期有了改进，并且饮茶已由巴蜀一带向东传播到了荆楚一带。

到了两晋时期，巴蜀地区已然成为了当时全国茶叶生产及集散的中心。西晋张载《登成都楼》诗云："芳茶冠六清，溢味播九区。"西晋孙楚在《出歌》中也指出："茱萸出芳树颠，鲤鱼出洛水泉。白盐出河东，美鼓出鲁渊。姜桂茶荈出巴蜀，椒橘木兰出高山。"随着巴蜀地区与各地经济、文化交流的增强，茶叶种植、加工、饮用的方法也逐渐向东部及中部广大地区传播开来。所以，现在有人把巴蜀地区比喻为中国茶叶或茶文化的摇篮是有一定道理的。

汉青铜兽耳釜（中国茶叶博物馆馆藏）

第五节　三国就有的"以茶代酒"

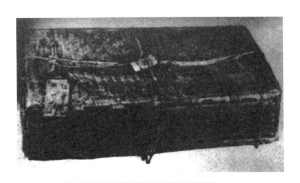

马王堆汉墓出土的竹笥

从汉代到三国，饮茶一方面在巴蜀、荆楚等地蓬勃发展，一方面又沿长江顺流而下，慢慢传播到了长江中下游地区。汉初，湖南长沙及其所属茶陵县已成为重要的茶产区。西汉元封五年（公元前106年）置茶陵县。1973年出土的长沙马王堆汉墓中，有"茶陵"封泥印鉴，还有"榏笥"的竹简、木牍和包装。茶乡湖州的一座东汉晚期墓葬出土了一只完整的青瓷瓮，肩部刻有一"茶"字（重新造字），可知长江中下游地区在当时已经出现了茶。

不仅如此，在这一时期，长江中下游地区留下的除了这些与茶相关的文物遗迹以外，还有很多与茶相关的典故，今天我们就来说一说"以茶代酒"的故事。

话说公元264年，东吴的末代皇帝孙皓即位。起初，他

东汉青瓷茶罐（局部）

出土于湖州的东汉青瓷茶罐

十分贤明，下令抚恤人民、开仓赈贫、减省宫女等，但一段时间后，治国有成、志得意满的孙皓便显露出粗暴骄盈的本性，变得沉溺酒色，专于杀戮，昏庸暴虐。

此君好酒，经常摆酒设宴，要群臣作陪。他的酒宴有一个规矩：每人以7升为限，不管会不会喝，能不能喝，7升酒必须见底。大臣中有个人叫韦曜，为人正直，博学多才，很得孙皓器重，被封为高陵亭侯，任中书仆射。可惜此人不会喝酒，酒量最多只有二升。每次宴饮，孙皓怕他不胜酒力而出洋相，对他特别优待，暗中赐给他茶来代替酒，得以蒙混过关。这就是"以茶代酒"的出处。晋朝陈寿《三国志·吴志·韦曜传》有载："皓每飨宴，无不竟日，坐席无能否率已七升为限，虽不悉入口，皆浇灌取尽。曜素饮酒不过二升，初见礼异，为裁减，或密赐茶荈以当酒。"

韦曜很感激孙皓，决定报答他，于是忠心耿耿地大胆直言，经常不顾孙皓的面子，提出一些合理化的建议，把孙皓气得不行，从而逐渐被冷落。一次，韦曜在奉命记录关于孙皓之父南阳王孙和的事迹时，因不愿意将孙和列入帝纪，触怒了孙皓，被杀头送了命。

公元280年，吴国为西晋所灭，孙皓也做了俘虏，被遣送到了洛阳，受封"归命侯"，并于四年后病故。但是"以茶代酒"一事直到今天仍被人们广为应用，每逢宴饮，不善饮酒或不胜酒力者，往往会端起茶杯，道一句"以茶代酒"以尽礼数，既推辞摆脱了饮酒的尴尬，又不失礼节，且极富雅意，这恐怕是孙皓和韦曜都始料未及的吧！

第六节　以茶养廉
——陆纳杖侄的故事

随着饮茶的逐渐普及，到了魏晋南北朝时期，人们发现饮茶不仅可以生津止渴，还有助于修身养性。于是乎，在这一时期出现了不少与茶相关的诗赋，如西晋孙楚的《出歌》、左思的《娇女诗》、杜育的《荈赋》等，茶文化的萌芽悄然显现。另一方面，这一时期以石崇、王恺为代表的门阀贵族，铺张浪费，斗富争奢，风气败坏，一些有识之士以茶性俭的精神，提出以茶养廉，来对抗奢靡之风，其中的典型例子当推"陆纳杖侄"。

晋《中兴书》记载："陆纳为吴兴太守时，卫将军谢安常欲诣纳，纳兄子俶怪纳无所备，不敢问之，乃私蓄十数人馔。安既至，所设唯茶果而已。俶遂陈盛馔，珍羞必具。及安去，纳杖俶四十，云：汝既不能光益叔父，奈何秽吾素业？"

陆纳，字祖言，是三国时名将陆逊的后代，在东晋时曾担任过尚书吏部

魏晋南北朝 敦煌壁画（局部）

郎、太守等许多重要职务。他不但为政清廉，而且在生活上也十分俭朴，从来不奢侈铺张，很受人敬佩，有"恪勤贞固，始终勿渝"的口碑，是一个以俭德著称的人。

陆纳出任吴兴太守时，卫将军谢安非常敬重他的人品，便派人对陆纳说打算抽时间到他家去拜访。陆纳虽然知道谢

安在朝中是一位权势显赫的大人物，但即使对于这样一位贵客临门，他也并没有打算大肆操办接待。倒是他的侄子陆俶，听说将军大人要光临，认为这是千载难逢的机会，应当好好招待一番。但他深知他叔父的为人，便瞒着叔父，自作主张悄悄置办了丰盛的菜肴。

晋越窑青釉碗（中国茶叶博物馆馆藏）

当谢安到来以后，陆纳只给他端上了一杯清茶和一些水果。陆俶见状，不愿丢了面子，便将自己私下里准备的丰盛筵席备办起来，盛情招待了谢安。陆纳对侄子这种讨好上司的铺张奢华的做法极为恼火，他强压下怒火，与客人边吃边谈。等到送走谢安，陆纳大发雷霆，狠狠斥责陆俶："你这样讲排场，不仅不能为你父亲和叔父我的脸上增添光彩，反而败坏了我们家的家风！"他责打了陆俶四十杖，以示惩戒。

这一时期，提倡"以茶养廉"的代表人物还有东晋明帝之婿——桓温，他不但政治、军事才干卓著，而且提倡节俭。《说郛》记载："桓温为扬州牧，性俭，每宴饮，唯下七奠拌茶果而已。"南朝齐武帝萧赜曾立下遗诏说："我灵上慎勿以牲为祭，唯设饼、茶饮、干饭、酒脯而已。天下贵贱，咸同此制。"

两晋南北朝时期，是各种文化思想交融碰撞的时期，而这些文化思想又有许多与茶相关，茶已经超出了它的自然功能，其精神内涵日益显现，中国茶文化已初现端倪。

东汉青瓷弦纹杯（中国茶叶博物馆馆藏）

第七节　有趣的茶字及茶别名

读者们，试着认一认下图中的汉字，你们可以准确地读出几个呀？其实，虽然这几个字读音、写法各不相同，但是在古时候都曾用来表示"茶"这一植物。

茶及其别称

在中国古代，表示茶的字很多，一般都是"木"字旁或"草"字头。在"茶"字通用之前，最常用的有槚、荈、蔎、茗、荼等。

槚，音"jiǎ"，我国最早的词典《尔雅》一书的"释木篇"中，就有"槚，苦荼"的记载，东汉许慎的《说文解字》和晋郭璞的《尔雅注》对此还作了专门的解释。

荈，音"chuǎn"，最早见于西汉司马相如的《凡将篇》，其中有"荈诧"一词。三国魏时的《杂字》曰："荈，茗之别名也。"杜育的《荈赋》及南朝宋山谦之的《吴兴记》也将茶称为"荈"。《魏王花木志》还进一步谈及："其老叶谓之荈，细叶谓之茗。"

蔎，音"shè"，东汉《说文解字》中说："蔎，香草也，从草设声。"蔎的本义是指香草或草香，因茶具香味，故用蔎借指茶。唐代陆羽《茶经》注解："杨执戟云：蜀西南人谓茶曰蔎。"

茗，音"míng"，其出现比"槚""荈"迟，本义是指草木的嫩芽，后来就专指茶的嫩芽。《说文解字》中有载："茗，茶芽也。"《晏子春秋》中说晏婴任齐景公国相时，吃糙米饭，三五样荤食及茗和蔬菜。《神农食经》曰："茶茗久服，令人有力，悦志。"《桐君录》中也说道："西阳、武昌、晋陵皆出好茗，东巴别有真香茗，煎饮令人不眠。"如今，茗作为茶的雅称也常为文人学士所用。

荼，音"tú"，是"茶"的古体字，现通用的"茶"字就是由"荼"字逐渐演变而来。早在我国第一本诗歌总集《诗经》里，"荼"字就出现了不下五处，其中《诗经·邶风》中就有"谁谓荼苦，其甘如荠"的诗句。此外，在《尔雅》《说文解字》《十三经注疏》等古籍中都有"荼"字的解读。

那我们现在通用的"茶"字到底是从什么时候开始使用的呢？原来是中唐时期，陆羽撰写《茶经》时，采用了《开元文字音义》的用法，统一改写成"茶"字。从此，茶字的字形、字音和字义沿用至今。

茶除了有众多的汉字表示形式以外，还有不少有趣的别名。

不夜侯。晋代张华在《博物志》中说："饮真茶令人少睡，故茶别称不夜侯，美其功也。"五代胡峤在饮茶诗中赞道："破睡须封不夜侯。"

清友。宋代苏易简《文房四谱》中载有："叶嘉，字清友，号玉川先生。清友，谓茶也。"唐代姚合品茶诗云："竹里延清友，迎风坐夕阳。"

涤烦子。唐代的《唐国史补》载："常鲁公（即常伯熊，唐代煮茶名士）随使西番，烹茶帐中。赞普问：'何物？'曰：'涤烦疗渴，所谓茶也。'因呼茶为涤烦子。"唐代施肩吾诗云:"茶为涤烦子,酒为忘忧君。"饮茶,可洗去心中的烦闷,历来备受赞咏。

余甘氏。宋代李郭在《纬文琐语》中说:"世称橄榄为余甘子,亦称茶为余甘子。因易一字,改称茶为余甘氏,免含混故也。"五代胡峤在饮茶诗中也说:"沾牙旧姓余甘氏。"

清风使。据《清异录》载,五代时,有人称茶为清风使。唐代卢全的茶歌中也有饮到七碗茶后"惟觉两腋习习清风生,蓬莱山,在何处,玉川子,乘此清风欲归去"之句。

酪奴。少数民族称茶与奶酪为奴。南北朝时,北方贵族仍然不习茶饮,甚至鄙视、抵制饮茶。南齐秘书丞王肃因父亲获罪被杀,投归北朝,任镇南将军。刚北上时,王肃不食羊肉及奶酪,常吃鲫鱼羹,喝茶。喝起茶来,一喝就是一斗,北朝士大夫称为"漏卮"。数年后,王肃参加北魏孝文帝举行的朝宴,却大吃羊肉,喝奶酪粥。孝文帝很奇怪,问道:"卿为华夏口味,以卿之见,羊肉与鱼羹,茗饮与酪浆,何者为上?"王肃回答说:"羊是陆产之最,鱼为水族之长,都是珍品。如果以味而论,羊好比齐、鲁大邦,鱼则是邾、莒小国。茗最不行,只配给酪作奴。"孝文帝大笑。

森伯。《清异录》中说:"汤悦有森伯颂,盖颂茶也。略谓:方饮而森然,严于齿牙,既久罜肢森然。二义一名,非熟夫汤瓯境界,谁能目之。"

苦口师。晚唐著名诗人皮日休之子皮光业,自幼聪慧,十岁便能作诗文,颇有家风。皮光业容仪俊秀,善谈论,气质倜傥,如神仙中人。有一天,皮光业的表兄弟请他品赏新柑,并设宴款待。那天,朝廷显贵云集,筵席殊丰。皮光业一进门,对新鲜甘美的橙子视而不见,而是急呼要茶喝。于是,侍者只好捧上一大瓯茶汤,皮光业手持茶碗,即兴吟道:"未见甘心氏,先迎苦口师。"此后,茶就有了"苦口师"的雅号。

第二章 法相初具的唐代茶

唐代是中国古代文明的黄金时代，也是茶文化的黄金时期。正是在这一时期，饮茶习俗通行全国，各类人等无论高低贵贱都识茶懂茶，形成了一股饮茶的潮流，并最终促成了中国独特茶文化的形成、发展和传播。茶开始有了统一的名称叫法、分类等级、税榷制度等，可以说是法相初具的文化阶段。

到了中唐时期，尤其是茶圣陆羽著成《茶经》之后，饮茶风尚和品饮艺术等都有了很大的发展，茶叶的加工制作也更加规范统一，并随着唐与周边民族的交流广泛地传播到其他地区。正如《封氏闻见记》中所说："自邹、齐、沧、棣渐至京邑，城市多开店铺，煎茶卖之……按此古人亦饮茶耳，但不如今人溺之甚，穷日尽夜，殆成风俗。始自中地流于塞外……"

《封氏闻见记》

第一节　唐代的禅茶与贡茶

大业六年（公元610年），隋炀帝下令继开江南运河。至此，连结黄河与长江、联通中国北方与南方的京杭大运河，成为了古代中国的经济动脉。南方的谷物、盐、生姜、荔枝、茶，通过大运河漕运源源不断地运送到了北方。运河连接了中国两大区域，形成了统一的经济市场，也为唐代社会经济文化的繁荣提供了坚实的基础。

唐代，南方的饮茶风习逐渐影响了北方，茶在北方迅速传播开来。其中，禅宗佛教的兴盛与影响是饮茶风俗影响整个唐代社会的一个重要原因。女皇武则天大力推崇佛教，在各地大兴寺庙，造像度僧。在这一时期，茶已经成为了佛教僧人日常生活中的一部分。僧人禁止饮酒，且在午后禁食，这使得饮茶的习惯在寺院中大为流行。僧人们开垦茶园，种植茶树，在冥想时饮茶，在寺院茶礼中向佛祖献茶，在接待访客时敬茶，甚至向朝廷供奉

唐代顾渚紫笋贡茶院遗址

贡茶。这在封演所著的《封氏闻见记》中反映得十分充分，"开元中，泰山灵岩寺有降魔大师大兴禅教。学禅务于不寐，又不夕食，人皆许饮茶，到处煮饮，以此转相效仿，遂成风俗"。

茶叶也是在唐代时随着佛教传播到了日本和朝鲜半岛。茶叶东传日本中，最

为有名的两位僧人分别是最澄和空海。最澄入天台山佛陇寺学习佛法，从座主行满处学习天台教义。行满原为佛寺中主持茶礼的僧人，在饯别最澄的宴席中，他以茶代酒送别最澄。最澄在回到日本后，试种茶籽于日本滋贺县，这也是日本最早的种植茶叶的记载。与最澄同年入唐的空海，留学于长安，归国时，他不仅带回了茶籽，还带回了制茶的石臼，以及中国茶的蒸、捣、焙等制茶技术。这是中国的饮茶方法和习俗在日本的最早传播。

唐代茶事兴盛的另一个重要原因，是朝廷贡茶的出现。唐代贡茶有湖州紫笋茶、宜兴阳羡茶等。茶圣陆羽最为推崇的是产于太湖西侧长兴顾渚山的紫笋茶。公元771年，唐代宗在长兴建造了历史上首个贡茶院，也就是皇家的茶叶加工场。最开始贡茶产量仅为500斤，之后产量逐渐上升，到公元846年，岁贡增至18400斤，超过3万名茶农承担了贡茶徭役，在贡茶院日夜劳作。当时制作的头等茶叶称为急皇茶，茶农们将采摘制作好的贡茶上交后，专职官员日夜兼程送往长安，每30里设置一个驿站，以保证贡茶在清明前送至皇宫。湖川刺史袁高曾亲眼目睹茶农担负着高额的贡茶苦役，作了一首五言长律《茶山诗》呈谏德宗皇帝。

禹贡通远俗，所图在安人。 阴岭芽未吐，使者牒已频。

后王失其本，职吏不敢陈。 心争造化功，走挺麋鹿均。

亦有奸佞者，因兹欲求伸。 选纳无昼夜，捣声昏继晨。

动生千金费，日使万姓贫。 众工何枯槁，俯视弥伤神。

我来顾渚源，得与茶事亲。 皇帝尚巡狩，东郊路多埋。

盯辍耕农未，采采实苦辛。 周迴绕天涯，所献愈艰勤。

一夫旦当役，尽室皆同臻。 况值兵革困，重滋固疲民。

扪葛上欹壁，蓬头入荒榛。 未知供御余，谁合分此珍？

终朝不盈掬，手足皆鳞皴。 顾省忝邦守，又惭复因循。

悲嗟遍空山，草木为不春。 茫茫沧海间，丹愤何由申！

第二节 "茶圣"陆羽与《茶经》

陆羽,字鸿渐,是一名弃婴,被竟陵龙盖寺的智积禅师在经过一座小石桥的时候发现,然后抱回寺中收养。在龙盖寺,陆羽学会了烹茶技艺。但他不愿为僧,在12岁时逃出了龙盖寺,到一个戏班子学演戏。后来,他与竟陵司马崔国辅相识,两人常相伴出游,品茶鉴水,谈诗论文。安史之乱爆发后,大批北方难民逃往福建等沿海地区。而陆羽为躲避战乱,渡过长江,对长江南岸的山川江河、风物人情尤其是茶叶产区进行了深入的考察。公元760年,陆羽"结庐苕溪之滨,闭门对书",开始了《茶经》的写作。

公元780年左右,世界上最早的一部茶叶专著《茶经》问世。陆羽所著《茶经》3卷10章,分别为:"一之源",考证茶的起源及性状;"二之具",记载采摘制作茶的工具;"三之造",记述茶叶种类与采制方法;"四之器",记载煮茶饮茶的器具;"五之煮",记载烹茶法及水的选用;"六之饮",记载饮茶风俗和品茶之法;"七之事",记载茶叶的典故与药效;"八之出",列举了茶叶产地及茶叶优劣;"九之略",指茶器的使用可因条件而异,不必拘泥;"十之

《茶经》书影

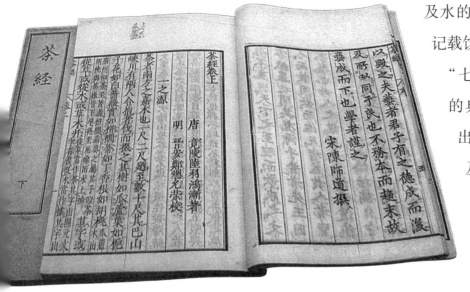

《茶经》书影　　　　　　　　　陆羽像

图"，是将采茶、加工、饮茶的全过程绘在绢布上，悬挂于茶室，品茶时就可以始终领略茶的经意。

随着陆羽《茶经》的问世，"天下益知饮茶矣"。茶从普通的饮品上升到了文化层面，成为了中国人生活中不可分离的一部分。《茶经》是一部全面论述茶文化的专著，对茶的起源、历史、生产、加工、烹煮、品饮，以及诸多人文与自然史实进行了深入细致的研究与总结，使茶叶真正成为专业的技艺和思想文化。

在《茶经》中，陆羽还阐述了自己独到的饮茶思想。在陆羽生活那个时代，唐代人是用团饼茶煮饮的方式来喝茶的。茶叶先制作成茶饼，放入茶臼或茶碾中碾成茶末，再投入茶镀中煎煮，煮的时候还要加入盐、橘皮和生姜等调味品，是一种调饮茶。陆羽认为民间普遍流行的调饮法如"沟渠间弃水"（见《茶经·六之饮》），丧失了茶原本的滋味，提出了与之相对的清饮法，即不添加过多佐料，以茶的本味为目标煎煮茶汤。

《茶经》是陆羽对唐代及唐代以前有关茶叶的知识和经验的系统总结。他游历山川，躬身实践，深入了解当时茶叶的生产和制作，又广采博收制茶之人的采制经验，对当时盛行的各种茶事进行了追溯和归纳，对茶的起源、历史、生产、加工、烹煮、品饮以及诸多社会人文因素进行了深入细致的研究，使茶学真正成为一种专门的学科。

陆羽除了被尊称为"茶圣"，还被民间祀为"茶神"。据《新唐书》记载，当时从事茶叶生意的人们会把陆羽的陶像摆放在烘炉烟囱之间供奉。

第三节 法门寺的茶具

1981年，陕西省扶风县的雨水似乎特别多，县里法门寺旁的明代宝塔终于受不了雨水的浸润，在历经了375年的风雨后轰然坍塌。1987年的某一天，人们准备重修宝塔，而在清理塔基时有了一个惊人的发现。

唐琉璃盏托

原来，在宝塔的底部隐藏了一个唐代的地

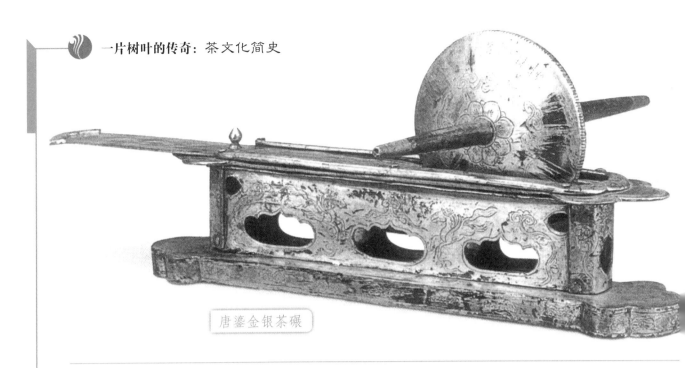

唐鎏金银茶碾

宫，地宫里存放了数以千计的唐代皇室供奉给佛祖的珍宝。这些1100多年前的宝物件件精美绝伦、价值连城，让人看得目瞪口呆。这其中就有一套金银茶具，质地之贵重，做工之精巧，造型之优美，堪称茶具中的国宝。

　　人们从茶具錾有的铭文中得知，这些茶具制作于唐咸通九年至十二年（公元868－871年），"文思院造"的字样表明它们都是御用品。同时，在银则、长柄勺、茶罗子上都还刻画有"五哥"两字。"五哥"乃是唐朝第十八位皇帝唐僖宗李儇小时候的爱称，表明此物是僖宗皇帝供奉的。这次出土的茶具，除金银茶具外，还有琉璃茶具和秘色瓷器茶具。此外，还有食帛、揩齿布、折皂手巾等，也是茶道用品。

唐鎏金银茶罗

　　我们想要认识这些1000多年前的茶具，首先要了解唐代的饮茶方式。在唐代，饮茶也称之为"吃茶"。人们将茶叶摘下蒸熟后，捣碎，用模具制成茶团或茶饼，烘干保存。在饮茶之前，先将茶团或茶饼进行再次烘烤，然后用茶碾将茶叶碾成细末，过筛后放在火炉上煎煮。煮茶时还要加盐、花椒、姜、桔皮、薄荷等调味料。煮好后，再用长柄的勺子分装到茶碗里饮用。

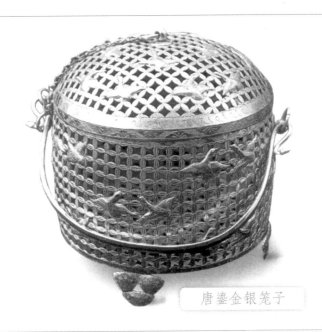

唐鎏金银笼子

　　在法门寺发现的这一套精美绝伦的银质鎏金茶具，正是陆羽在《茶经》中所描述的茶道用具。这些器具不是用竹木或者铜铁制成，而是用稀有的金银和玻璃制成，并且由当时最顶尖的能工巧匠制成，为我们揭开了唐代饮茶的华美篇章。

第四节　敦煌遗书《茶酒论》

　　敦煌遗书和死海古卷一样，都是研究古代宗教的重要文献。敦煌遗书在1900年发现于敦煌莫高窟，总数约为5万卷，其中佛经约占90%。在浩瀚的遗书古卷中，有一本唐代古籍引起了茶界的极大兴趣，那就是唐代乡贡进士王敷所写的《茶酒论》。

　　《茶酒论》采用的不是普通的讨论或者论述的形式，而是用了拟人的手法，以茶和酒两者对话的方式，旁征博引，取譬设喻，双方各抒己见，以自己的优点和长处为论据，对比对方的缺点和短处，意图压服对手。

　　在《茶酒论》中，茶称自己为"百草之首，万木之花。贵之取蕊，重之摘芽。呼之茗草，号之作茶"。而酒则不甘示弱，也言道："自古至今，茶贱酒

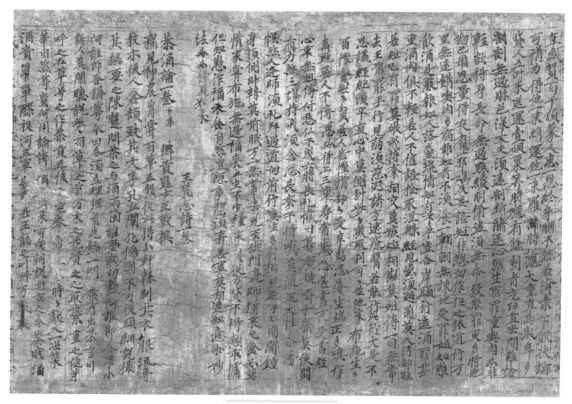

《茶酒论》书影

贵。单醪投河，三军告醉。君王饮之，叫呼万岁；群臣饮之，赐卿无畏。"茶听酒说"茶贱酒贵"，反驳道："阿你不闻道：浮梁歙州，万国来求。蜀川蒙顶，登山蓦岭。舒城太湖，买婢买奴。越郡余杭，金帛为囊。"浮梁是唐代著名的茶市，所产的片茶盛极一时。而歙州即江西婺源一带，所产歙州茶在《茶经》中也有论述。这两个地方都是唐代著名的产茶地区，也是茶市隆盛的地区。

随后，茶与酒分别就自己的功效展开论述。酒说自己"礼让乡闾，调和军府"，而茶则称自己"饮之语话，能去昏沉。供养弥勒，奉献观音"。从侧面也反映了茶在佛教寺院中的重要地位。同时，茶反讥："酒能破家散宅，广作邪淫。打却三盏已后，令人只是罪深。"而酒则称："茶吃只是腰疼，多吃令人患肚。一日打却十杯，肠胀又同衙鼓。"看来，当时的人们对茶酒的功效都有不同的看法。

除了争论对人的身体有哪些好处和坏处之外，茶和酒还在精神层面上相争不下。酒说"酒能养贤"，而茶则反唇相讥"即见道有酒黄酒病，不见道有茶疯茶癫"。两者之间的争论实在是太激烈了，以至于最后水出来打圆场："茶不得水，作何相貌？酒不得水，作甚形容？米麴乾吃，损人肠胃；茶片乾吃，只砺破喉咙。"仔细一想，也是非常有道理。无论是茶或酒，在制造、饮用的过程中都离不开水。而且，品质最高的人，越能酿出好酒，泡出好茶。水这么一出场，茶和酒也只有偃旗息鼓，不再争辩了。水还说："从今已后，切须和同。酒店发富，茶坊不穷。"茶和酒要相互和同，才能发富不穷。

整篇文章读起来诙谐有趣，既辩明理又不沦于说教，而且拟人化的手法又给人以亲近之感，想来茶和酒在当时本来就已是贴近百姓生活之物，像这样来谈论、比较茶和酒也是十分生动有趣。

第五节 卢仝与《七碗茶诗》

历史上有许多与茶有关的诗作广为流传，如宋代大文豪苏轼的《次韵曹辅寄壑源试焙新茶》："仙山灵草湿行云，洗遍香肌粉未匀。明月来投玉川子，清风吹破武陵春。要知玉雪心肠好，不是膏油面首新。戏作小诗君勿笑，从来佳茗似佳人。"又比如陆游的《昼卧闻碾茶》："小醉初消日未晡，幽窗催破紫云腴。玉川七碗何须尔，铜碾声中睡已无。"两人诗中都出现了"玉川"二字，那么这个玉川子到底是谁呢？为什么都出现在了两首茶诗之中？

玉川子指的就是唐代诗人卢仝，号玉川子。卢仝是初唐四杰卢照邻的嫡系子孙，自幼家境贫寒，却写得一手好诗文。他隐居山林，拒绝了朝廷要他出仕的要求，以读书、写诗、喝茶度日。卢仝爱茶成癖，作了一首《七碗茶诗》流传古今。卢仝的《七碗茶诗》原题为《走笔谢孟谏议寄新茶》，是作者感谢他

 卢仝碑

的友人谏议大夫孟简为他寄来了新茶，品尝了七碗茶后仿佛得道成仙的意境。后人遂称卢仝为"茶仙"。

诗中最为脍炙人口的恐怕就是描写卢仝连喝七碗茶后几欲成仙的诗句了：一碗喉吻润。二碗破孤闷。三碗搜枯肠，唯有文字五千卷。四碗发轻汗，平生不平事，尽向毛孔散。五碗肌骨清。六碗通仙灵。七碗吃不得也，唯觉两腋习习清风生。

卢仝在收到朋友寄来的新茶后，立即关起了门煎茶品尝，在连喝七碗以后，"唯觉两腋习习清风生"，几乎要飘然而去蓬莱仙岛了。当然，卢仝在每喝一碗的时候都有自己独特的感受。第一碗时，唇喉滋润，身心放松。第二碗时，烦杂孤闷的心绪荡然一清。第

《卢仝煮茶图》局部

三碗时，帮助思想清明，激发诗兴灵感。第四碗时，身发轻汗，人间诸事都如云烟散去。第五碗时，肌骨都为之一轻。第六碗时，到了连神灵也能相通的境界。第七碗不能再喝了，只觉得腋下两股清风吹过，仿佛已成仙得道。

卢仝能写出如此生动的诗文来描述喝茶感受，和他隐于山林、不顾仕进的生活态度有很大关联。每一碗茶，在卢仝看来都是一道深刻的体验，都是对自身内省的良好助剂。他的《七碗茶诗》道出了爱茶之人的内心独白，谈出了品茶当中的人生之道，成为了所有茶人的共鸣。

在诗的最后，卢仝还不忘采茶制茶农民的辛苦。"安

得知百万亿苍生命，堕在巅崖受辛苦。"就算是自己喝了七碗茶后得道成仙，也不能忘了那些在山崖辛苦劳作的茶农们。正是因为他们的辛勤劳作，才有了那一碗碗茶的清香和甘甜。

卢仝一生爱茶成癖，亦有"茶痴"之号。他的一曲"茶歌"，自唐以来，历经宋、元、明、清各代至今，传唱千年不衰，几乎成了人们吟唱茶的典故。诗人骚客嗜茶擅烹，每每与"卢仝""玉川子"相比。

卢仝在"甘露之变"中被误捕，遇害时，他正留宿在长安宰相兼领江南榷茶使王涯家中。据贾岛《哭卢仝》句："平生四十年，唯著白布衣。"可知他死时年仅40岁左右。另据清乾隆年间萧应植等所撰《济源县志》载：在县西北十二里武山头有卢仝墓，山上还有卢仝当年汲水烹茶的玉川泉。卢仝自号"玉川子"，乃是取自泉名。

第六节　文成公主与茶

据《唐国史补》记载，唐德宗时，常鲁公出使吐蕃。有一天，他在帐中煮茶，吐蕃赞普看到后问他："此为何物？"鲁公回答道："解烦疗渴，所谓茶也。"赞普说："我此亦有。"然后，他命人摆出产于寿州、舒州、顾诸、荆门、昌明的许多种名茶，令常鲁公惊叹。可见在公元8世纪的时候，喝茶在西藏的贵族阶层里已经是十分常见的了。

要说到茶叶传入西藏，就不得不提到文成公主。文成公主原本是唐太宗的远支宗室女，后远嫁吐蕃（也就是现在的西藏），成为吐蕃赞普松赞干布的王后，被吐蕃人尊称为甲木萨（藏语中"甲"的意思是汉，"木"的意思是女，"萨"的意思为

文成公主进藏时的情景

西藏寺院厨房中的酥油茶桶

神仙）。松赞干布迎娶文成公主后，中原与吐蕃之间关系极为友好，使臣和商人频繁往来。文成公主来到西藏后，不仅带来了中原文化以及佛教，还使得吐蕃与唐友好通商，商队在丝绸之路平安通行。文成公主带去西藏的嫁妆丰富，其中不仅有黄金，还有丝绸、瓷器、书籍、珠宝、乐器和医书，传说茶叶也在其中。而西藏人饮茶的风俗也是受文成公主的影响。

西藏人至今依然保持了独特的茶风茶俗，最为有名的莫过于酥油茶。酥油茶不仅在西藏受到人们的喜爱，在喜马拉雅山周边的不丹、尼泊尔、印度等地区，人们也有饮用酥油茶的习俗。传统的酥油茶制作原料主要有茶、酥油（也就是牦牛奶提炼出来的脂肪）、水以及盐。到了现代，人们逐渐开始用黄油（奶牛奶提炼出的脂肪）来替代酥油，但酥油依旧是最地道的西藏酥油茶的原料。

酥油茶在西藏非常普遍和流行。西藏人在开始一天的工作之前，总会喝上一杯香浓可口的酥油茶，酥油茶也常常用作招待贵客。西藏地区的人们爱喝酥油茶还有一个很重要的原因，那就是西藏是一个高海拔地区，喝酥油茶能够为人们提供足够的热量，还可以预防嘴唇开裂。

按照西藏的传统，酥油茶是不可以一口喝完的，一定要分几口喝，而且为了表达主人的热情，主人会在客人喝完之前一直添茶。那么，如果不想喝的话怎么办呢？最好的办法就是先不喝，直到要离开之前再把碗里的酥油茶全部喝光。

第七节　唐茶东渡

唐代是古代中国文明的一个鼎盛时期，在社会经济以及文化方面取得了光辉璀璨的成就。在这样的背景下，茶叶随着中外经济文化交流首次向外传播到了朝鲜半岛和日本，并且落地生根，成为了如今韩国和日本茶道的萌芽。

唐王朝与当时朝鲜半岛的新罗、百济等王国往来比较频繁，经济和文化交流也十分密切。尤其是新罗，与唐朝通使往来达120次以上，派遣学生和僧人到中国学习典章佛法。在这些中外交流使者的努力下，饮茶的习俗也逐渐影响了朝鲜半岛。公元828年，新罗使节金大廉把茶籽带回朝鲜半岛，种在智异山下的双溪

天台国清寺　　　　　　　　　　　　唐日僧最澄入唐牒

寺，开始了朝鲜半岛种植茶叶的历史。最初饮茶只是在社会的上层阶级以及僧人文士之间流传，逐渐地，这股风气影响了社会的各个阶层，并最终促成了韩国本土茶叶的发展和饮茶之风的兴起。

　　甚至还有新罗王国的贵族为了佛法而抛弃王族的身份，落发为僧入唐求法，并研制茗茶的记载。据唐费冠卿《九华山创建化城寺记》记载，"唐开元末有金地藏者，新罗国王金氏近属名乔觉……毅然抛弃王族生活，祝发为僧。"金地藏入唐后在九华山修行佛法，并创制"金地佛茶"，其茶"在神光岭之南，云雾滋润，茶味殊佳"。

　　与朝鲜半岛相似，茶叶传入日本也是经由民间的文化交流所成。唐代时期，中日之间的宗教交流十分密切，在中国学习佛经的日本僧人为数众多，并且在回到日本以后还带去了唐代的饮茶风俗。

最澄像

　　唐朝，大批日本遣唐使来华，到中国各佛教胜地修行求学。当时中国的各佛教寺院，已形成"茶禅一味"的一套茶礼规范。这些遣唐使归国时，不仅学习了佛家经典，也将中国的茶籽、茶的种植知识、煮泡技艺带到了日本，使茶文化在日本发扬光大，并形成具有日本民族特色的艺术形式和精神内涵。

　　公元777年，日本高僧永忠来唐，于20年后归国，掌管崇福寺和梵释寺。他率先引入了唐代的寺院茶礼，成为了日本国的第一茶僧。据《日本书纪》记载，嵯峨天皇拜访梵释寺，"大僧都永忠手自煎茶奉御"，茶叶首次进入了日本贵族的视野。并且在两个月以后，嵯峨天皇命京畿内地区及近江、播磨等国种植茶叶，创立"御茶园"，以备每年进贡所用。

与永忠一起从明州归国的最澄在京都比睿山修建了延历寺，建立了日本的天台宗。据《日本社神道秘记》记载，最澄从浙江带回茶籽后在日吉神社旁种植茶树，成为日本最早的茶园之一。在引入茶种的同时，最澄还通过与日本皇室的交往，将饮茶习俗传入了日本上层阶级，为之后日本茶文化的兴起奠定了基础。

最澄之前，天台山与天台宗僧人也多有赴日传教者，如六次出海才得以东渡日本的唐代名僧鉴真等人，他们带去的不仅是天台派的教义，而且有科学技术和生活习俗，饮茶之道无疑也是其中之一。

第三章　繁荣兴盛的宋代茶

　　宋代是中国历史上茶文化高度发展并趋向精致奢华的一个时期。这一时期，制茶工艺炉火纯青，以龙团凤饼为代表的贡茶制作达到了团饼茶制作工艺的顶峰；点茶技巧精湛绝伦，以斗茶与分茶为代表的点茶技艺旷古烁今；饮茶人群空前广泛，上至帝王将相、文人雅士，下至平民百姓、贩夫走卒，无不好此；茶与艺术完美结合，茶书、茶诗、茶词、茶画数量众多，质量上乘。

第一节　宋人的游戏
——斗茶

　　说到宋朝人爱玩的游戏，也许有人首先会想到蹴鞠、斗鸡、斗草、斗蟋蟀等，其实，在宋代还有一种风靡全国的与茶相关的游戏，叫作"斗茶"。

　　斗茶又称"斗茗""茗战"，最早出现于唐代，原是茶农新茶制成后，挑选贡茶、品评茶叶优劣的一项评比活动。到了宋时，斗茶逐渐演化为一项既有茶叶品质的比拼，又有点茶技巧较量的比赛，因其程式丰富，挑战性、趣味性、观赏性俱佳，深受民众喜爱。

　　那么，这种古老的游戏究竟要怎么玩呢？首先，让我们来了解一下宋人的饮茶方式。与唐代的煎茶法不同，宋人饮茶一般采用点茶法。所谓点茶，简单来说就是将茶饼碾细成茶粉后，直接投入茶盏之中，然后冲入少许沸水，先调和成膏状，接着分多次注水，同时用茶筅在盏中回环击拂，使茶汤表面产生丰富的泡沫，饮用时连茶带沫一起喝下。

1. 宋代点茶之碎茶

2. 宋代点茶之碾茶

3. 宋代点茶之磨茶

4. 宋代点茶之过筛

9. 宋代点茶之成品

8. 宋代点茶之击拂

7. 宋代点茶之注汤

5. 宋代点茶之置茶

6. 宋代点茶之调膏

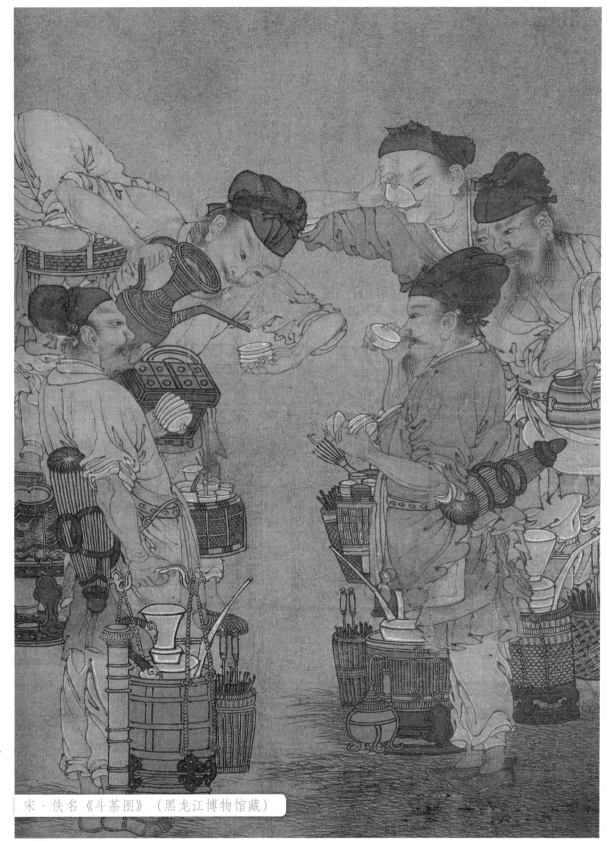

宋·佚名《斗茶图》（黑龙江博物馆藏）

那斗茶"斗"的又是什么呢？概括起来主要是两个方面：一斗汤花，即茶汤表面泛起的泡沫。斗茶时，看汤花的色泽和均匀程度，以汤花色泽鲜白、茶面细碎均匀为佳，青白、灰白和黄白次之。二斗水痕，即看盏内沿与汤茶相接处有无水痕。以汤花保持时间较长，贴紧盏沿不退为胜，谓之"咬盏"。而以汤花涣散，先出现水痕为败，谓之"云脚乱"。斗茶，多为两人捉对"厮杀"，经常"三斗二胜"，计算胜负的单位术语叫作"水"，说两种茶叶的好坏为"相差几水"。

元·赵孟頫《斗茶图》

刘松年《茗园赌市图》（台北故宫博物院藏）

在宋代，斗茶是日常生活中常见的一种娱乐活动方式，山间茶园或加工作坊对新制的茶进行品尝评鉴时要斗茶，贩茶、嗜茶者在市井茶肆、茶坊里招揽生意时要斗茶，王公贵族、文人雅士在闲话家常、彰显品位时也要斗茶，甚至连处在深山老林里的佛门静地也大兴斗茶之风。难怪清代扬州八怪之一的郑板桥说："从来名士能评水，自古高僧爱斗茶。"

不仅如此，爱玩的宋代人还在斗茶的基础上衍生出了新的玩法，这便是分茶，又叫作"茶百戏""水丹青""汤戏""茶戏"。点茶高手们利用茶汤表面丰富细腻的泡沫，在汤面上写字作画，形成变化多端、惟妙惟肖的山水吉祥图纹，好看又好喝，与我们今天常见的咖啡"拉花"有点类似。南宋大诗人陆游在《临安春雨初霁》中描绘的"矮纸斜行闲作草，晴窗细乳戏分茶"，指的就是分茶。

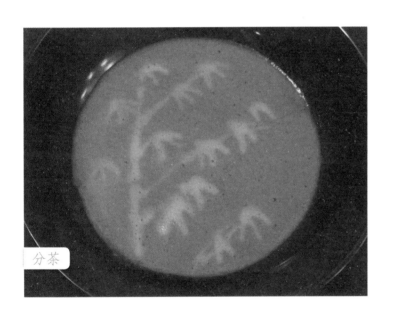

分茶

随着宋末政治局势的动荡，再加上后期饮茶方式的逐渐改变，斗茶这一风行两宋的风雅游戏最终消亡于历史的长河之中，如今只能通过史料图文来感受当时的茶风与茶趣。

第二节 写茶书的皇帝

在中国历朝历代的帝王中，喜欢喝茶的有很多，但是喝茶喝到一定水平，并亲笔撰写茶书的，古今中外只有一位，那就是宋徽宗赵佶。

说到宋徽宗，大家可能都不陌生，他是北宋的第八位皇帝，是靖康之乱被掳的二帝之一。在治国方面，他可以说是昏庸无能、一塌糊涂，但是在文学艺术方面却有着很高的造诣，不但善于吟诗作词，还写得一手"瘦金体"的好书法，画得一手好画。更加难得的是，这位九五之尊还是一位茶道高手，不仅自己嗜茶成癖，还常常在宫廷以茶宴请群臣，并多次亲手为臣下点茶。蔡京所作《太清楼侍宴记》就有记"遂御西阁，亲手调茶，分赐左右"。

宋徽宗赵佶像

就是这样一位风流的帝王，有一天突发奇想："我要写一本书，把我丰富的识茶、点茶、饮茶经验好好总结整理一下，流传后世。"于是，他把想法告诉了大臣们，但是很多人都不以为然，认为这只是皇帝的一时兴起。可是，赵佶说干就干，开始全身心地投入到了茶书的写作中，还边写边考证，边写边推敲，经过几个月的努力，终于完成了《大观茶论》一书。此书一出，大臣争相传阅，并对皇帝刮目相看。全书共分为绪言、地产、天时、采择、蒸压、制造、鉴别、白茶、罗碾、盏、筅、瓶、杓、水、点、味、香、色、藏焙、品名二十目，用不到3000字的篇幅，对北宋时

《大观茶论》书影

期蒸青团茶的产地、采制、烹试、品质、斗茶风俗等进行了详细切实的记述，文字简洁优美，特别是其中的"点茶"一篇，论述得十分深刻精彩，不仅为当时人们饮茶提供了很好的指导，也为今天人们研究宋代的茶文化、复原宋代团饼茶工艺留下了珍贵的文献资料。

不仅仅是茶书，这位爱茶的皇帝还为世人留下

了一幅著名的茶画——《文会图》。画中，作者用细腻的笔触形象再现了当时文人雅士齐聚一堂，在庭院里吟诗、品茶的场景。

　　一位皇帝对茶道钻研如此之精深，足可知其对茶的喜爱。可惜，纵使徽宗才高八斗，他毕竟是一国之君。元朝宰相脱脱撰《宋史·本纪·徽宗赵佶》后曾叹曰："宋徽宗诸事皆能，独不能为君耳！"这位中国历史上拥有最高权力的艺术家，最终以国破家亡、客死异乡的结局收场，让人唏嘘，让人感慨。

《文会图》(故宫博物院藏)

第三节　宋代的贡茶
——龙团凤饼

龙团凤饼，初闻此名，不少人可能会把它当作一款精致的糕点，而事实上，此"饼"非彼"饼"，它只能泡着喝，不能咬着吃，而且异常珍贵。在宋代，它是北苑贡茶的统称，是皇家专享的御茶，不仅采用鲜嫩茶芽精心压制而成，还在茶饼表面印有精美的龙凤纹饰，有的甚至还有纯金镂刻的金花点缀，华美之极，从而被视为中国古代饼茶生产的最高成就，亦被称为龙凤团茶。

如此绝绝的贡茶究竟始于何时，又产于何地呢？相传，在福建省北部的建安（今建瓯），有凤凰山形如翔凤，龙山状如龙蟠，与凤凰山对峙。就在这神秘的北苑龙山与凤凰山中，盛产好茶，但由于山川阻隔，在唐代并没有十分出名。直至公元977年，宋太宗赵匡义遣使至北苑，监督制造一种皇家专用的茶，要求"取象于龙凤，以别庶饮，由此入贡""龙凤茶盖始于此"。北苑也逐渐开始成为宋代贡茶产制中心。

龙团凤饼真正开始名震天下，则是在"前丁后蔡"时期。"前丁"即丁谓，此人于公元998年前后为福建转运使，负责监造贡茶，创制大龙团，八饼为一斤，并花大力气专门精制四十

龙凤团饼茶线描图

饼敬献，深得皇帝喜爱，被升为参政，封晋国公。"后蔡"指蔡襄，他于1043年任福建转运使，改大龙团为小龙团，二十饼仅得一斤，无上精妙，号为珍品。仁宗皇帝十分喜爱，连宰相近臣都不轻易赏赐。当时的文学家欧阳修在《归田录》中说道："其品精绝，谓小团，凡二十饼重一斤，其价值金二两，然金可有而茶不可得。"足见此茶之珍贵。此后，贡茶制作可谓层出不穷，精益求精。从宋神宗时的"密云龙"团茶、宋哲宗年间的"瑞云翔龙"团茶再到宋徽宗朝的"龙团胜雪"，团茶制作到达了精致与奢华的顶峰。

凤凰山摩崖石刻（拓片）

那么，这些珍贵异常的龙凤团茶究竟是怎么制作的呢？据宋代赵汝砺《北苑别录》记载，基本过程可以分为采茶、拣茶、蒸茶、榨茶、研磨、造茶、过黄等多道程序。并且，从采摘到制成茶饼，每道工序都十分讲究和严格，要求择之必精，濯之必洁，蒸之必香，火之必良，一失其度，俱为茶病。

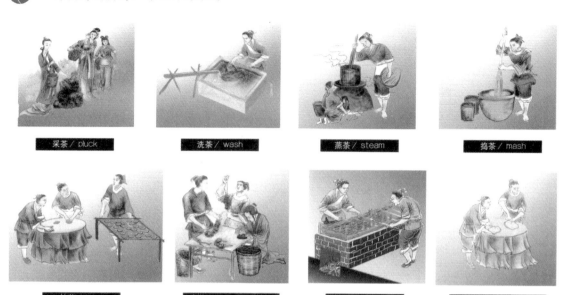

采茶 / pluck　　洗茶 / wash　　蒸茶 / steam　　捣茶 / mash

拍茶 / beat　　穿茶 / string together　　焙茶 / bake　　封装 / pull on and sealed

宋时期茶饼制作图（引自《图说中国茶文化》）

采茶。北苑茶采制多在惊蛰前后，规定在天亮前太阳未升起时开始采茶，因夜露未干时茶芽肥润，制成之茶色泽鲜明。北苑凤凰山上有打鼓亭，在采茶时节，每日五更（早上4点）击鼓，集群夫于凤凰山，监采官发给每人一牌，入山采茶，并规定一律用指尖采摘，以防茶芽受损，至上午8时鸣锣召回采茶工，防止多采。据史载，凤凰山采茶者日雇250人。

拣茶。采回的鲜叶有小芽、中芽、紫芽、白合、乌蒂之分，选出形如鹰爪的小芽用作制造"龙团胜雪"和"白茶"。制"龙团胜雪"的小芽要先蒸熟，浸入水中，剔出如针的单芽称"水芽"。从品质来讲，水芽最佳，小芽次之，中芽再次。紫芽、白合、乌蒂则均不用，一旦混入，茶饼表面将有斑驳，且色浊味重。

蒸茶。选用的茶芽经反复水洗，置甑器中，待水沸后蒸之。蒸茶要适度，过熟则色黄而味淡，不熟则色青而易沉淀，且有青草味。

榨茶。将蒸熟的茶芽（称茶黄）先淋水洗数次，促其冷却，后用布包好置小榨床上榨去水分，再置大榨床上压榨去膏（除去多余的茶汁）。如果是水芽，要用高压榨之。压后取出搓揉，再压榨（称翻榨），反复进行至压不出茶汁为止。把茶汁榨尽，破坏茶中有效成分，这似乎是不符合常理，但斗茶之茶以色白为上，茶味求清淡甘美，去尽汁可防止茶之味色重浊，正是斗茶的需要。

研磨。将榨过的茶叶置陶盆中，用椎木研之。研之前先加水（凤凰山上的泉水），加水研磨的次数越多，茶末就越细。贡茶第一纲"龙团胜雪"与"白茶"的研茶工序都是十六水，一般纲次贡茶的研茶工序是十二水。边加水边研，每次必至水干茶熟后研之，茶不熟，茶饼面不匀，且冲泡后易沉淀。

造茶（又称压模）。将研磨后的茶放入模子中，压成饼状。模子有圆形、方形、棱形、花形、椭圆形等，上刻有龙凤、花草各种图纹。模子有银模、铜模，圈有银圈、铜圈、竹圈，一般有龙凤纹的用银圈、铜圈，其他用竹圈。压好后的团饼茶取出放置于竹席上，稍干后进行烘焙。

过黄（又称焙茶）。先在烈火上焙之，再过沸水浴之，反复三次后，进行文火（烧柴）烟焙数日至干，火不宜大，也不宜烟。烟焙日数依茶饼的厚薄而定，厚的10-15日，薄的6-8日。茶饼足干后，用热水在表面刷一下，之后放进密室用扇子扇之，使其有光泽，这叫作过汤出色。

如此精工细作的贡茶在当时到底价值几何呢？欧阳修曾记载宋仁宗时"小龙凤团"茶饼的价格是每片黄金二两，且一饼难求，而宋徽宗时期的"新龙团胜雪"市场价大约为每片铜钱四十贯，相当于黄金四两。无怪乎，当时有"皇帝一盅茶，丞相一年粮"之说。

龙凤团茶的制作过于精细，需要耗费巨大的人力物力，随着宋朝的衰败，龙凤团茶逐渐走向末路。北方游牧民族出身的元代统治者不喜欢这种过于精细委婉的茶文化，一般的士大夫和平民百姓又没有能力和时间品赏。及至1391年，草莽出身的朱元璋下诏罢造龙团，唯采芽茶以进，这龙团凤饼遂成了历史的绝唱！

第四节　点茶神器
——黑釉盏

　　俗话说"器为茶之父"。在茶风大炽的宋代，人们用来喝茶的器具也极为讲究。众所周知，宋代制瓷业发达，有着赫赫有名的"汝、官、哥、钧、定"五大名窑，但是"饮茶成精"的宋人，并不推崇这些名窑茶器，而是对当时名不见经传的建窑出产的黑釉茶盏青睐有加，从而使建窑黑釉盏一跃成为宋代最具代表性的茶具之一。那么，这建窑黑釉盏到底有什么独到之处呢？接下来就让我们一起去探究一下吧。

　　建窑位于福建省建阳市水吉镇，考古资料表明，早在唐代中晚期，建窑已开始烧造瓷器，两宋时期特别是北宋中期至南宋中期是建窑的鼎盛时期，以生产变幻莫测、绚丽多彩的窑变黑釉盏而闻名。建窑黑瓷由于含铁量较高，胎体截面呈灰黑或黑褐，胎骨坚硬厚实，含砂粒较多，叩之有金属声，俗称"铁胎"。

　　建窑黑釉盏的流行与宋人的斗茶风尚有着直接的关系。宋代饮茶、制茶大师蔡襄在其著作《茶录》中曾说道："茶色白，宜黑盏。建安所造者绀黑，纹如兔

宋徽宗《十八学士图卷》（局部）
几上及侍者手中持黑漆茶托上置
兔毫黑釉盏（台北故宫博物院藏）

宋建窑黑釉兔毫盏

毫，其坯微厚，熁之久热难冷，最为要用。出它处者，或薄或色紫，皆不及也。其青白盏，斗试家自不用。”这一席话不仅点出了建盏的功用，更是为它打响了知名度。一时间，好茶的王公贵族、文人雅士们对此种茶盏推崇备至，争相购买，不仅促进建窑生产规模的不断扩大，同时使得其制作工艺不断精进，底足铭有“供御”“进盏”的建盏还一度作为贡品进贡宫廷。

从实用性上看，建盏不愧为“点茶神器”，其诸多细节可以说是为斗茶量身定制，口大足小底深的“V”字形外观设计，方便茶筅环回击拂，以达“茶直立易于取乳”的目的；深黑釉色的选用则显汤花之白，水痕易验；厚重的胎体则使茶不易冷，“发立耐久”，就连口延的圈状凹陷都有着防止茶汤外溢，充当注汤标尺的作用。可以这么说，在宋代的斗茶场上，建窑黑釉盏是彰显选手专业性的一项基本装备。

宋建窑油滴盏

从艺术欣赏的角度看，建盏由于其独特的釉料配方，在烧制过程中会产生浑然天成、自然灵动的纹饰，根据花色大致可分为兔毫盏、油滴盏、鹧鸪斑盏和曜变盏四种。其中，兔毫盏是在黑色的釉层中由于不同釉料在烧制时缓慢流淌，在

宋建窑黑釉曜变茶盏（日本静嘉堂
文库美术馆藏）

黑色釉面上透出尖细的棕黄色或铁锈色条纹，状如兔毫。油滴盏则是釉里的花纹为斑点状，小的如群星密布，大的如珠玑满盘，釉面表层看去犹如油滴悬浮，故而得名。鹧鸪斑盏的黑色釉面上分布有大小不均的白色圆形斑点，黑白分明，宛若鹧鸪鸟的羽毛斑点。曜变盏又叫作"曜变天目"，则是极为罕见而又难以烧得的珍品。其釉中一次高温烧成的曜斑，在光照之下会折射出晕状光斑，似真似幻，令人生惊艳之叹。目前，曜变盏存世仅三件，分别收藏于日本东京静嘉堂文库美术馆、大德寺龙光院和大阪的藤田美术馆，其中尤以静嘉堂文库美术馆的曜变建盏为佳，被誉为"天下第一"珍品，被日本人视为"国宝"。

建盏质朴简约、师法自然的独特艺术魅力，与宋代文人士大夫追求自我、适意人生的生活哲学，以及不加修饰、回归本真的审美情趣的不谋而合，从而产生了大量咏赞建盏茶诗、茶词。如苏轼《送南屏谦师》："道人晓出南屏山，来试点茶三昧手。忽惊午盏兔毫斑，打作春瓮鹅儿酒。"宋徽宗《宣和宫词》："上春精择建溪芽，携向芸窗力斗茶。点处未容分品格，捧瓯相近比琼花。"黄庭坚《满庭芳》："纤纤捧，研膏浅乳，金缕鹧鸪斑。"可以说，建盏已从一个单纯的饮茶器皿，上升到可以代表一个时代文化审美精髓的一个文化之器。

俗话说："成也萧何，败也萧何。"当狂热的斗茶风潮逐渐退去，因斗茶而盛的黑釉盏也逐渐败落，至元初，辉煌一时的建窑便湮没在了秀丽的闽北山林之中。

第五节　宋代文人与茶

文士品茗在宋代是十分普遍的现象。宋代第一流的文士，如蔡襄、范仲淹、欧阳修、王安石、梅尧臣、苏轼、苏辙、黄庭坚、陆游等，都十分爱茶，并写下了大量品茶诗文。对于他们来说，茶不仅是一种品格高尚的饮料，饮茶更是一种精神享受、一种修身养性的手段，是一种具有艺术氛围的境界。

佚名《着色人物图》（台北故宫博物院藏）

欧阳修像

欧阳修

欧阳修，字永叔，号醉翁，晚号六一居士，北宋政治家、文学家，是唐宋八大家之一。

宋代茶风盛行，达官贵人、文人雅士无不讲究品茶之道，欧阳修也不例外。欧阳修精通茶道，并留下了很多咏茶的诗文，著有论茶水的专文《大明水记》，为蔡襄的《茶录》作了后序，在其著作《归田录》中也有不少涉及茶事的内容。

欧阳修很喜欢北宋诗人黄庭坚家乡的双井茶，并作有《双井茶》诗一首。诗中，他先是夸赞了双井茶的绝佳品质，"双井芽生先百草""十斤茶养一两芽""长安富贵五侯家，一啜犹须三日夸"。后几句，他又从茶的品格联想到世态人情，批判了"争新弃旧"的世俗之徒。在《和原父扬州六题——时会堂二首》一诗中，欧阳修还咏赞过扬州茶，并亲自去查看扬州茶的萌发情况。

据说，欧阳修经常与好友梅尧臣一起品茗赋诗，交流感受。一次在品尝建安新茶后，他随即创作《尝新茶呈圣谕》一首，与好友分享。"建安三千五百里，京师三月尝新茶。年穷腊尽春欲动，蛰雷未起驱龙蛇。夜闻击鼓满山谷，千人助叫声喊呀。万木寒凝睡不醒，唯有此树先萌发。"诗中既突出了建安茶的早与新，又形象地再现了建州茶乡"击鼓喊山"的独特风俗。"泉甘器洁天色好，坐中拣择客亦嘉。""停匙侧盏试水路，拭目向空看乳花。"后半部分，诗人还表明了自己对于品茶的心得体会，水甘、器洁、天气好、投缘的茶客以及上好的新茶，才可达到品茶的高境界。难怪梅尧臣在回应欧阳修的诗中称赞他对茶品的鉴赏力："欧阳翰林最识别，品第高下无欹斜。"

后来，欧阳修受范仲淹的牵连，被贬夷陵（今湖北省宜昌市）做县令，在《夷陵县至喜堂记》一文中写道："夷陵风俗朴野，少盗争，而今之日食有稻与鱼，又有橘、柚、茶、笋四时之味，江山秀美而邑居缮完，无不可爱。"足见他对茶的喜爱。

欧阳修一生，仕途前后41年，起起伏伏，但其操守始终如一。正如他晚年诗云："吾年向老世味薄，所好未衰唯饮茶。"当看尽人世沧桑之后，唯独对茶的喜好未曾稍减。

蔡襄

蔡襄，字君谟，北宋著名书法家、政治家、茶学家。

蔡襄像

蔡襄任福建路转运使时，积极改造北苑贡茶，在外形上改大团茶为小团茶，品质上采用鲜嫩茶芽作原料，并改进制作工艺，把北苑贡茶的制作水平提高到了一个全新的高度，所以《苕溪渔隐丛话》说北苑茶大小龙团"起于丁谓，而成于蔡君谟"。不仅如此，期间，他还著《茶录》一书，此书虽仅千言，但是含金量高。全书分两篇，上篇论茶，下篇论茶器，在"茶论"中，对茶的色、香、味，以及藏茶、炙茶、碾茶、罗茶、候汤、熁盏、点茶进行了精到而简洁的论述；在"论器"中，对制茶用器和烹茶用具的选择使用，均有独到的见解。

话说蔡襄还十分喜爱斗茶。宋人江休复在《嘉祐杂志》中记有蔡襄与苏舜元斗茶的一段故事：蔡斗试的茶精，水选用的是天下第二泉——惠山泉；苏所取茶劣于蔡，却是选用了竹沥水煎茶，结果苏舜元胜了蔡襄。还有一则蔡襄神鉴建安名茶石岩白的故事也一直被茶界传为美谈。彭乘《墨客挥犀》记："建安能仁院有茶生石缝间，寺僧采造，得茶八饼，号石岩白，以四饼遗君谟，以四饼密遣人走京师，遗内翰禹玉。岁余，君谟被召还阙，访禹玉。禹玉命子弟于茶笥中选取茶之精品者，碾待君谟。君谟捧瓯未尝，辄曰：'此茶极似能仁石岩白，公何从得之？'禹玉未信，索茶贴验之，乃服。"由此可见，蔡襄的茶叶鉴别能力也十分了得。

作为书法家，蔡襄每次挥毫作书必以茶为伴。欧阳修深知君谟嗜茶爱茶，在请君谟为他书《集古录目序》刻石时，以大小龙团及惠山泉水作为"润笔"。君谟得而大为喜悦，笑称是"太清而不俗"。蔡襄年老因病忌茶时，仍"烹而玩之"，茶不离手。老病中，他万事皆忘，惟有茶不能忘，正所谓"衰病万缘皆绝虑，甘香一事未忘情"。

苏轼

苏轼，字子瞻，号东坡居士，我国宋代著名文学家、书法家、画家。

苏轼嗜茶，不仅品茶、烹茶、种茶样样在行，而且对茶史、茶功颇有研究。

他一生共作有茶诗96首（其中茶词11首），可谓成果丰硕。"戏作小诗君勿笑，从来佳茗似佳人""何须魏帝一丸药，且尽卢仝七碗茶"……这些耳熟能详的咏茶佳句均出自他之手。

苏轼《啜茶帖》

　　长期的地方官和贬谪生活，苏轼足迹遍及各地，从峨眉之巅到钱塘之滨，从宋辽边境到岭南、海南，为他品尝各地的名茶提供了机会，白云茶、紫笋茶、日铸茶、建溪茶、焦坑茶、月兔茶、双井茶、桃花茶等诸多名茶都品过并留下笔墨，就如他在《和钱安道寄惠建茶》诗中所说："我官于南今几时，尝尽溪茶与山茗。"

　　好茶还需好水烹，苏轼对于烹茶也十分精到。苏轼在杭州任通判时，为烹得好茶，他以诗向当时的无锡知州焦千之索惠山泉水，"精品厌凡泉，愿子致一斛"；为取得好水，他还不辞辛劳，亲赴钓石边（不是在泥土旁）从深处汲来，并用活火（有焰方炽的炭火）煮沸，"活水还须活火烹，自临钓石取深清"；对于宋人普遍认为最难的候汤（即煮水）环节，他也掌握得炉火纯青，"蟹眼已过鱼眼生，飕飕欲作松风鸣。蒙茸出磨细珠落，眩转绕瓯飞雪轻"。俗话说："水为茶之母，器为茶之父。"苏东坡对烹茶用具也很讲究。他认为"铜腥铁涩不宜泉"，而最好用石铫烧水。据说，东坡谪居宜兴时，还亲自设计了一种提梁式紫砂壶，并题词"松风竹炉，提壶相呼"。后人为了纪念他，把这种壶式命名为"东坡壶"。

"莲生"款紫砂东坡提梁壶
（中国茶叶博物馆馆藏）

　　除了茶诗、茶词外，历史上流传的与苏东坡相关的茶事典故也很多，其中"茶墨俱香"就是广为流传的一则。话说苏东坡与司马光等一批文人墨客斗茶取乐，苏东坡的白茶取胜，免不了洋洋得意。当时茶汤尚白，司马光便有意难为他说："茶欲白，墨欲黑；茶欲重，墨欲轻；茶欲新，墨欲陈；君何以同时爱此二物？"苏东坡想了想，从容回答道："奇茶妙墨俱香，公以为然否？"司马光问得妙，苏东坡答得巧，众皆称善。

　　一代文豪苏东坡，诚如他的第一长篇《寄周安孺茶》中所表现的借茶抒怀、以茶寄情，在茶文化史上留下了浓墨重彩的一笔。

陆游

陆游，字务观，号放翁。他是南宋一位爱国大诗人，也是一位嗜茶诗人。他出生于茶乡，当过茶官，晚年又归隐茶乡，一生共写茶诗403首（其中茶词6首），为历代文人之冠。

陆游一生仕途坎坷，辗转多地，这使他有机会遍尝各地名茶，并裁剪熔铸入诗，"饭囊酒瓮纷纷是，谁赏蒙山紫笋香""焚香细读斜川集，候火亲烹顾渚春"等。在诸多名茶中，诗人最爱的还是家乡绍兴的日铸茶。据说他常年随身携带一小袋日铸茶，不遇到名泉好水，不轻易拿出来品饮，美其名曰"囊中日铸传天下，不是名泉不合尝"，足见诗人对此茶的珍爱。

陆游不仅爱喝茶，还谙熟烹茶之道，一再在诗中自述，"归来何事添幽致，小灶灯前自煮茶""山童亦睡熟，汲水自煎茗""名泉不负吾儿意，一掬丁坑手自煎""雪液清甘涨井泉，自携茶灶就烹煎"……甚至对于当时流行的高技巧的分茶游戏，他也驾轻就熟，"矮低斜行闲作草，晴窗细乳戏分茶"。

陆游一生笔耕不辍，茶无疑是他生活和创作的最佳伴侣。"手碾新茶破睡昏""毫盏雪涛驱滞思""诗情森欲动，茶鼎煎正熟""香浮鼻观煎茶熟，喜动眉间炼句成"……一边煮泉品茗，一边奋笔吟咏，可以想象有多少名言佳句在茶香氤氲中诞生。到了晚年，他还感慨道："眼明身健何妨老，饭白茶甘不觉贫。"可谓是对茶钟爱了一生。

陆游像

第六节　径山茶宴与日本茶道

茶道，作为日本传统文化的杰出代表之一，如今已晓谕世界。但细心的人们可能会发现，当代日本茶道主流中的抹茶道无论其手法及器具都与我国宋代的点茶十分相似。没错，宋时迎来了茶文化对日传播的又一高峰，对于日本茶道的形成与发展影响深远。而在这一轮漫长而复杂的传播过程中，径山寺及径山茶宴可谓是功不可没。

径山寺位于浙江省杭州市郊的余杭径山，最早由法钦禅师创建于唐天宝年间，属临济宗，发展到宋代，已位居"江南禅林之冠"，尤其是南宋嘉定年间，宋宁宗封径山寺为五山十刹之首，其影响力更是到达顶峰，甚至影响海外，成为了彼时日僧渡海求禅的圣地。

径山历来产佳茗，相传法钦曾"手植茶树数株，采以供佛，逾手蔓延山谷，其味鲜芳

日本茶道图

径山古道及碑石

径山寺外景

特异"。后世僧人也常以本寺香茗待客，久而久之，便形成一套行茶的礼仪，后人称之为"茶宴"。到了宋代，径山茶宴已发展得较为完善，不仅有机结合了禅门清规和茶会礼仪，还完美体现了禅与茶的意蕴，成为当时佛门茶会的典范。据说，径山茶宴包括了张茶榜、击茶鼓、恭请入堂、上香礼佛、煎汤点茶、行盏分茶、说偈吃茶、谢茶退堂等10多道仪式程序，每一道程序又都有步骤和分工上的严格规定，宾主或师徒之间一般用"参话头"的形式问答交谈，机锋偈语，慧光灵现，所用的茶器具也都是专门定制的，整个场面庄严有序而又禅意深藏，难怪连南宋朝廷也甚为重视，多次在径山寺举办茶宴来招待贵宾。

1235年，日僧圆尔辨圆入宋求法，从径山寺无准禅师习禅，一待便是5年。期间，他不仅全身心地吸收领会中国禅法、儒学，对于径山寺的禅院生活文化也不遗余力地观察、学习，学会了种茶、制茶，观察体验了径山茶宴的形制与组织。1241年，圆尔辨圆学成归国，除了佛学、儒学经典外，他还带回了径山茶的种子，并将其栽种在自己的故乡静冈县，并按径山茶的制法生产出高档的日本抹茶，被称为"本山茶"，奠定了日后静冈县作为日本最大的茶叶生产地的基础。他还仿效径山茶宴的仪式，制订了东福寺茶礼，开启了日本禅院茶礼的先河并传承至今。

径山寺内的圆尔辨圆像

南浦绍明德像

继圆尔辨圆后，1259年，日僧南浦昭明来宋学习，住径山寺长达5年之久，一边勤研佛学，一边认真学习径山茶的栽、制技术和寺院茶宴仪式。1267年，南浦昭明辞山归国，带回了7部茶典，以及径山茶宴用的茶架子和茶道器具多种，进一步在日传播径山寺的点茶法和茶宴礼仪，从而使宋代禅院茶礼更加完整地传入日本，也推动了禅院茶礼在日本社会的流行。后来的村田珠光正是在这套点茶法的基础上，整理出一套完整的日本茶道点茶法。可见，径山茶宴与日本的茶道有着直接的联系。

今天，每年都有不少日本茶人慕名来到余杭径山寺，而这一承载着中日两国茶文化渊源的独特饮茶仪式也于2011年经国务院批准，被列入了第三批国家级非物质文化遗产名录。

第七节　榷茶制度与茶马古道

在商品经济高度发达的今天，茶叶与其他商品一样，买卖十分地自由及便捷，再加上有了电子商务这一平台，茶农可以轻松地把茶叶卖到世界各地。但是，在中国古代，茶叶从业者们就没那么幸运了。很多时候，茶叶的经营权牢牢地掌控在统治阶级手中：茶农不得私卖茶叶；商人贩茶需凭"茶引"（茶引相当

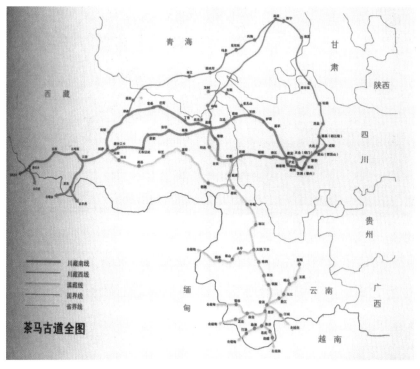

茶马古道全图（引自《图说中国茶文化》）

于官府发放的茶叶运销执照，需缴税后才能取得）；茶叶的销处、销量、销期等也都有严格的规定。类似这种由统治阶级垄断茶叶营销的制度就是榷茶制度。

榷，本义为独木桥，引申为专利、专卖、垄断的意思。有关茶叶专营专卖的榷茶制，最早提出于唐代，但作为一种比较固定的制度始行于宋。宋代是我国历史上著名的"积贫积弱"的时期，与契丹（辽）、西夏（党项）、女贞（金）之间的战火不断，财政困难与战马短缺是困扰大宋皇室的两大难题。然而，对于茶叶这一作物的掌控，可以同时有效地解决这两大难题，因此榷茶制备受重视。据史料记载，茶课是宋代国家财政的重要来源，如高宗末年，国家财政收入为5940余万贯，茶利占6.4%；孝宗时，国家财政收入为6530余万贯，茶利占12%。由此可见茶课之丰厚。另一方面，由于"夷人不可一日无茶以生"，茶成了治边易马的必需物资，在北宋熙宁年间，朝廷在四川设立"茶马司"，专门负责茶马交易，严禁私贩。所以说，在当时，茶的政治属性已远远超过其商品属性。

唐代茶马古道遗址

四川名山古茶马司遗址

说到茶马交易，就不得不提茶马古道，这是一条与丝绸之路齐名的神秘古道，它因茶马交换而形成，蜿蜒分布在我国西南边陲的高山峡谷中，成为我国西南民族经济文化交流的走廊。

历史上的茶马古道并不只一条，而是一个庞大的交通网络。它是以川藏道、滇藏道与青藏道（甘青道）三条大道为主线，辅以众多的支线、附线构成的道路系统，地跨川、滇、青、藏，向外延伸至南亚、西亚、中亚和东南亚，远达欧洲。三条大道中，又以川藏道开通最早，运输量最大。

茶马古道的起源，最早可以追溯到隋唐时期。居住在青藏高原上的藏族民众，为了抵御高寒缺氧的恶劣环境，常年以糌粑、奶类、酥油、牛羊肉等高脂肪、高热量的食物为食。燥热的食物与过多的脂肪在人体内淤积，得不到分解，常常会消化不良而得病。而茶叶既能够分解脂肪，又能防止燥热，同时富含维生素与矿物质，能很好地改善缺少蔬菜水果造成的营养不良，故而藏民在长期的生活中养成了喝茶的习惯，但藏区偏偏不产茶。而在内地，每年军队征战、防御外敌都需要大量的骡马，但总是供不应求，恰好藏区盛产良马。于是，具有互补性的茶和马的交易即茶马互市便应运而生。这样，藏区等地出产的骡马、毛皮、药材等和内地出产的茶叶、布匹和日用器皿等，在横断山区的高山深谷间南来北往，流动不息，并随着社会经济的发展而日趋繁荣，形成一条延续至今的茶马古道。

茶马古道上的马帮

运输茶叶的旅途十分辛苦，当时的茶叶除少数靠骡马驮运外，大部分靠人力搬运，称为"背背子"。行程按轻重而定，轻者日行40里，重者日行2－30里。途中暂息，背子不卸肩，用丁字形杵拐支撑背子歇气。杵头为铁制，每杵必放在硬石块上，天长日久，石上留下的窝痕至今犹清晰可见。从康定到拉萨，一路跋山涉水，有时还要攀登陡削的岩壁，两马相逢，进退无路，只得

茶马古道上的背茶人

双方协商作价，将瘦弱马匹丢入悬岩之下，而让对方马匹通过。要涉过汹涌咆哮的河流和巍峨的雪峰，长途运输，风雨侵袭，骡马驮牛，以草为饲，驮队均需自备武装自卫，携带幕帐随行。

日复一日，年复一年，历经岁月沧桑近千年，辛勤的马帮商人在茶马交易的漫长岁月里，用自己的双脚踏出了崎岖绵延的茶马古道，同时开辟了一条民族经济往来和文化交流之路。

第四章 承上启下的元代茶

元朝是由蒙古族建立的政权，习惯于马背上生活的蒙古族人在建国之初基本上延续了本民族的习俗，以饮酒为主。后来为了便于统治，元朝政府也不得不接受了儒家文化，中原的文化习俗或多或少地影响了元人的生活，饮茶即是一例。从众多元墓壁画中，我们发现不少有关茶事的内容，如山西省大同市冯道真墓壁画中有《童子侍茶图》的内容，山西省文水县北峪口元墓壁画有《进茶图》。此外，西安市东部元墓

内蒙古自治区赤峰市敖汉旗四家子镇羊山出土的辽墓壁画《备茶图》

壁画中也有进茶图的描绘，内蒙古自治区赤峰市元宝山一、二号墓有《备茶图》《进茶图》的内容。可见，至少在贵族的生活中，饮茶被视为一种时尚，而又因茶特别有助于消食解腻，从而被以牛羊肉为主食的游牧民族所喜爱，元代人的饮茶生活可见一斑。

茶可止渴、消食，适合以肉食为主的蒙古人饮

用。蒙古在唐时就已茶马互市，早就有饮茶嗜好，入主中原建立元朝，爱茶更甚，但饮茶方式与中原有很大的不同，喜爱在茶中加入酥油及其他特殊佐料的调味茶，如炒茶、兰膏、酥签等茶饮。

据元代马端临《文献通考》和其他有关文史资料记载，元代名茶计有40余种，如头金、绿英、早春、龙井茶、武夷茶、阳羡茶等。

元墓壁画中也有许多表现饮茶的场景。如元宝山二号元墓壁画中的《备茶图》，图中央有一长桌，其上有碗、茶盏、双耳瓶、小罐；桌前有一女人，侧跪，左手持棒拨动炭火，右手执壶；桌后立三人，右侧一女子，右手托一茶盏，中间一男侍双手执壶向左侧女子手中的碗内注水，左侧的女子左手端一大碗，右手持一双箸搅拌，此图表现了一套完整的茶具及点茶过程。在元宝山一号墓的《备茶图》中有一位手持研杵擂钵正在研茶末的男仆，北峪口墓壁画中也有女侍持碗用杵研茶末的描绘，这些都说明元代前期已流行散茶，只是这些茶在饮用之前大多要研成茶末，这也是唐、宋饮茶法的遗风。

另外从当时的许多文字记载来看，元代的产茶区域也不亚于宋代。元代在福建武夷一带设御茶苑，专门加工贡茶，各地生产的名茶也委派当地官员监督上

元代冯道真墓壁画 备茶图

贡，可见统治者以及上层社会对茶的需求。

那么，元人喝的茶与宋代茶有什么区别呢？元代可以说是处于从唐宋的团饼茶为主向明清的散茶瀹泡法的过渡阶段，两种饮茶法都存在，但散茶冲泡已开始兴起。从这些元墓壁画中，我们可以发现茶壶、茶碗、盏托、储茶罐等茶具。

元曲是元代文学的代表，咏茶的元曲（俗称茶曲）是这一时期的创作。元代杂剧大都反映民间社会生活，其中不乏饮茶的描述，"早起开门七件事，柴米油盐酱醋茶"更是家喻户晓的名句，可见当时饮茶的普遍及生活化。

元代，未经文化洗礼的异族文士，秉性朴实无华，不耐精雅繁缛，崇尚自然简朴，品茶转饮叶茶，唐宋流传的团饼茶逐渐式微，芽叶茶转为主流，饮茶方法由精致华丽回归自然简朴，只是此时芽叶茶（散茶）大多碾成末茶瀹饮，这又是宋代点茶法的遗风。

第五章　返朴归真的明代茶

明代是中国茶文化史上继往开来、迅猛发展的重要历史时期，当时的文人雅士继承了唐宋以来人们重视饮茶的传统，并推崇清茶淡饮的生活方式，推动了新型散茶制作的发展，在社会上形成了饮茶品茶的风尚，确立了茶在文人心目中的崇高地位。

宋代时流行的斗茶在明代消失了，团饼茶为散形叶茶所代替，碾末而饮的唐煮宋点饮法变成了以沸水冲泡叶茶的瀹饮法，品饮艺术发生了深刻的变化，也开启了中国茶类百花齐放的时代。

第一节　"废团改散"的朱元璋

散茶的制作并不是从明代才开始的，从元代王桢《农书》上可以了解到，早在宋元时期，条形散茶的生产和品饮就已在民间流行。但散茶一直不被主流饮茶人群所接受，尤其是文人士大夫和上层贵族，认为散茶只是粗鄙的乡人饮用的茶叶。那么，散茶是如何逆袭，最终成为了主流的呢？

这和明代的一位皇帝有很大的关系。明

朱元璋像

洪武二十四年（1391年），明太祖朱元璋下诏废团茶，改贡叶茶（散茶）。朱元璋是明朝的开国皇帝，他是贫穷人家出身，对民间的疾苦深有体会。明朝建立以后，朱元璋体恤民众，废除了原先团饼茶的制作，改为制作芽茶，也就是现在的散茶，省去了许多繁琐的工序。同时，自宋代以来，茶饼的制作越来越偏向于添加香料，反复压榨，渐渐地失去了茶本来的味道。改散茶之后，茶味纯真，泡茶方式也十分简便，受到了不同阶层人群的欢迎，连原先推崇团饼茶的文人士大夫也很快接受了新的饮茶方式。

后人对朱元璋的"废团改散"政令评价甚高："上以重劳民力，罢造龙团，唯采芽茶以进……按，茶加香物，捣为细饼，已失真味。……今人惟取初萌之精者，汲泉置鼎，一瀹便啜，遂开千古茗饮之宗。"但是为了供应周边的少数民族，还是保留了一部分团饼茶的制作，并且逐渐发展成为现在的紧压茶。于是，饮茶方式发生了划时代的变化，唐煮宋点成为历史，取而代之的是沸水冲泡叶茶的泡饮法。明人认为，这种饮法"简便异常，天趣悉备，可谓尽茶之真味矣"。清正、袭人的茶香，甘冽、酽醇的茶味，以及清澈的茶汤，让人更能领略茶天然之色香味。

明万历青花提梁壶

明代散茶的兴起，引起冲泡法的改变，也带动了茶具的变革。唐宋时期的茶具已不再适用，出现了便于冲泡和饮用茶的茶壶、茶杯等等。喝茶用的茶盏也由黑釉瓷变成了以白瓷和青花瓷为主，主要是为了衬托出茶汤的色泽。

明清之后，大量不同品类的散茶被创制，如今我们所熟知的许多种类的红茶、乌龙茶等都是在这一时期开始制作的。茶叶品类的增加带来了饮茶方式的变化，开始出现了两个特点：一是品茶方式变得统一而日臻完善。散茶冲泡的茶壶和茶杯一般要先用开水洗涤，再用干布擦干，茶渣要倒掉，做到茶水分离。二是出现了绿茶、红茶、乌龙茶、黄茶、白茶和黑茶六大茶类，品饮方式也随茶类不同而有很大变化。同时，各地区由于不同风俗，开始习惯饮用不同类别的茶叶，并发展出了丰富多彩的地方茶文化。例如，广东人喜好红茶；而在盛产乌龙茶的福建，当地人以喝乌龙茶为主；江浙地区则是绿茶的产区，发展出了精致的绿茶文化；北方人喜欢喝花茶或绿茶；边疆少数民族则多用黑茶、茶砖，配以奶、盐等佐料，调配出特色的奶茶、酥油茶等。

第二节　山水田园文士茶

随着明代散茶制作的兴起，新的饮茶冲瀹法也随之传播开来。相较于原先的团饼茶，散茶更容易冲泡，而且芽叶完整，外形美观，使人在饮用之时也能欣赏到茶叶外形之美。明代人已经不再单一地品饮茶叶，而是注重饮茶的环境、氛围和与其他艺术的和谐统一。明代的文人认为前人所用的煎茶点茶之法都有损于茶的真味，失去了茶作为自然之饮的乐趣与本性。

明代文人饮茶很注重对泉水的选择，提倡茶与水相宜。张大复在《梅花草堂笔谈》记载："茶性必发于水，八分之茶，遇十分之水，茶亦十分矣；八分之水，试十分之茶，茶只八分耳。"许次纾在《茶疏》中则认为："精茗蕴香，借水而发，无水不可与论茶也。"明人对泉水的要求很高，认为适合泡茶的水必须清冽、甘甜，为求好水，可以不远千里以得之。

明·文徵明《惠山茶会图》

　　明代文人饮茶还非常讲究艺术性，注重审美情趣的意和自然环境的和谐统一，这在当时的许多文人画作中得到了体现。比如，唐寅的《事茗图》和文徵明的《惠山茶会图》等都是当时描写文人饮茶情境的有名画作。正如罗廪在《茶解》中所说："山堂夜坐，吸泉煮茗，至水火相战，如听松涛，清芬满怀，云光滟潋。此时幽趣，故难与俗人言矣。"画中的高士们不单单饮茶品茗，还乐于弹琴对弈，体现了文人不同于平常人等的技艺和情趣。

　　明代文人更倾向于优乐茶事，而不是举办盛大的茶会。明代陈继儒在《茶话》中曾言："一人得神，二人得胜，三四人得趣，五六曰泛，七八人是为名施茶。"至于饮茶的自然环境，则最好在幽静的竹林、俭朴的山房，或者清溪、松涛，无喧闹嘈杂之声。在这种环境中品赏清茶，就有一种非常独特的审美感受，在山间清泉之处，抚琴烹茶，与山水融为一体，与天地相得益彰。

　　明代也是我国历史上茶学研究最为鼎盛、出现茶著最多的时期，共计有50余部，其中多为文人所著，可见当时文人对茶的喜爱。比如朱权的《茶谱》、张源的《茶录》、许次纾的《茶疏》和徐渭的《煎茶七类》，都是不可多得的茶论佳

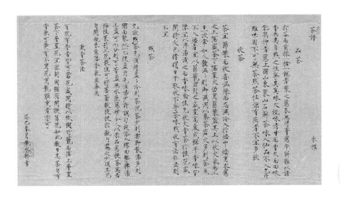

明 朱权《茶谱》

作，也对后世的饮茶思想起到了推动作用。

其中，朱权所写的《茶谱》除绪论外，分十六则。在绪论中，朱权论述了他对茶事即雅事的理解，认为茶事更多的是文人所行之事，普通人虽也会饮茶，但无法体味茶的真谛。朱权指出饮茶的最高境界："会于泉石之间，或处于松竹之下，或对皓月清风，或坐明窗静牖，乃与客清谈款话，探虚玄而参造化，清心神而出尘表。"显示了文人与其他人不同的情怀和意境。

正文则首先指出茶的功用有"助诗兴""伏睡魔""倍清谈""利大肠，去积热化痰下气""解酒消食，除烦去腻"等。朱权认为，只有陆羽的《茶经》和蔡襄的《茶录》两本书得茶的真谛。他还对废团改散后的品饮方法进行了探索，提出了自己所创的品饮方法和茶具，提倡从简行事，保持茶叶的本色，以顺其自然之性。"盖羽多尚奇古，制之为末，以膏为饼。至仁宗时，而立龙团、凤团、月团之名，杂以诸香，饰以金彩，不无夺其真味。然天地生物，各遂其性，莫若叶茶烹而啜之，以遂其自然之性也予故取烹茶之法，末茶之具，崇新改易，自成一家。"

徐渭《煎茶七类》

《茶谱》还从品茶、品水、煎汤、点茶四项谈饮茶方法，认为品茶应品谷雨茶，用水当用"青城山老人村杞泉水""山水""扬子江心水""庐山康王洞帘水"，煎汤要掌握"三沸之法"，点茶要"注汤小许调匀""旋添入，环回击拂"等程序，并认为"汤上盏可七分则止，着盏无水痕为妙"。

第三节　供春壶的故事与传世紫砂

关于紫砂产生的年代，有不同的说法。有人认为早在宋代就已有紫砂器，但学术界比较认同紫砂源于明代。明代散茶的冲泡直接推动了宜兴紫砂壶业的发展，到了明代中期，宜兴一带的紫砂制作已开始出现。

宜兴位于江苏省境内，早在汉代就已生产青瓷，到了明代中晚期，因当地人发现了特殊的紫泥原料，紫砂器制作由此发展起来。相传，紫砂最早是由金沙寺僧发现的，他因经常与制作陶缸瓮的陶工相处，突发灵感，"抟其细土，加以澄练，捏筑为胎，规而圆之"，而后"刳使中空，踵传口柄盖的，附陶穴烧成，人遂传用"。

其实，紫砂器制作的真正开创者应是供春。供春是学使吴颐山的学僮，一度在金沙寺陪读，后因学金沙寺僧紫砂技法，制成了早期的紫砂壶。

传说供春姓龚，名春，他陪同主人在宜兴金沙寺读书时，金沙寺中有一位老和尚很会做紫砂壶，供春也很喜爱紫砂壶，于是就偷偷

明紫砂六方茶叶瓶

地学。老和尚每次做完壶之后都会在水缸内
洗手，沉淀在缸中的紫砂泥土
被供春收集起来。供春仿照
金沙寺旁所种的大银杏树的树
瘿，也就是树上的瘤的形状，制
作了一把壶，烧成之后，这把壶
十分古朴自然，富有野趣，于是这种
仿照树瘿形态的紫砂壶一下子就出了
名，人们对它赞不绝口，并称之为供春
壶，在当时就有许多工匠仿制。到了后来，

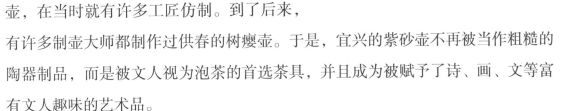

明大彬款紫砂壶

有许多制壶大师都制作过供春的树瘿壶。于是，宜兴的紫砂壶不再被当作粗糙的
陶器制品，而是被文人视为泡茶的首选茶具，并且成为被赋予了诗、画、文等富
有文人趣味的艺术品。

　　现今出土的最早的紫砂壶应是明代司礼太监吴经墓出土的嘉靖十二年的紫
砂提梁壶，砂质较粗，外形古朴周正，体现了紫砂制作初期的特点和审美。供春
以后，明代的紫砂名家有董翰、赵良等人，而在其后出现的时大彬则成为一代名
手，所制壶"不务研媚而朴雅坚栗，妙不可思""大为时人宝惜"，当时就有人
仿制时大彬所制壶。时大彬之后还出了不少名家，如李仲芳、徐友泉、陈用卿、
陈仲美、沈君用等，他们推动了紫砂在明代的较大发展。

　　紫砂泥土土质细腻，含铁量高，具有良好的吸水性和透气性，用紫砂壶来冲
泡茶叶，能把茶叶的真香发挥出来。文震亨在《长物志》中曾提到："茶壶以砂
者为上，盖既不夺香，又无熟汤气。"因此，紫砂壶一直是明代以后士大夫文人
最为喜爱的茶具之一。

　　紫砂壶从早期的古朴雅致发展到后来，慢慢地形成了独特的文人紫砂，因文
人参与设计制作，更多地融入了文人的情趣和审美，融绘画、篆刻、文学、书法
等诸艺于一体，既有实用价值，又可欣赏、把玩。而文人紫砂最引人注目的是它
的壶铭，一把紫砂壶具有上等的泥料、雅致的造型，如果再配上绝佳的壶铭，便

可作为传世紫砂流传于世。

到了清代，紫砂壶依然受到文人的偏爱，也出现了许多制作紫砂壶的大家，其中以陈曼生的"曼生十八式"最为有名。其实陈曼生并不是自己亲自制作紫砂壶，而是与当时的制壶高手杨彭年合作，制作出了一款又一款经典的壶形样式。

曼生，嘉庆年间人，集诗书画印于一身，"西泠八家"之一，信佛嗜茶，一生不爱金银，唯独钟情于紫砂。他做溧阳知县时，因喜爱紫砂壶而结识了杨彭年，二人一见如故，一人设计一人制壶，从而产生了具有鲜活生命的千古佳作——曼生壶。

人们常说"艺术来源于生活，但又高于生活"。曼生壶的造型创作也是如此，有的借鉴青铜、汉瓦为壶形，像石铫壶、飞鸿延年壶；有的则是生活中的动植物原形，比如天鸡壶、匏瓜壶；更多的则是几何形式，如三角形的石瓢壶，好似一位年轻帅气的将军，单手插腰，硬朗的壶嘴仿佛在像将士们作出征前的壮言。注重功能型是曼生壶的一大特点，不管器形样式如何，都可以用来沏茶，并且茶壶的容量大小、高矮尺度、

井栏壶

嘴把配置都十分讲究。曼生壶千姿百态，信手拈来，个个灵动，个个生机。而在这众多样式中，井栏壶最令人津津乐道，那么它的创作灵感又来自哪里呢？

其实，就是来自于一口普通的井。在曼生的眼里，大自然的万物都是茶壶原型。那年夏天，彭年来访，曼生在院子里设席招待好友，二人以壶为题，互交心得。彭年问起最近可有新的思路？曼生摇头："未曾有。"彭年说："不要急躁。"就在此时，庭院南面，恰巧有丫头在井边取水，栏高水深，丫头取水颇为吃力，腰身弯如彩虹。曼生紧盯着井栏与取水的丫头，慢慢地，在曼生眼里，丫头化成了一只优美的壶把，井栏化为圆形壶身，当即在石桌上描绘出来。两人指指点点，不时弃之重来，数遍后，终成一壶。彭年说："此壶天成，唯曰井栏。"二人相视大笑。数日后，彭年就送来成品。曼生说："井栏本天成，吾手偶得之。"

曼生壶的每一款壶式及壶铭都有一定的寓意。井栏壶上刻有铭文："汲井匪深，挈瓶匪小，式饮庶几，永以为好。"意思是说，深井有如文山书海，知识有如井水，取之不竭，告诫世人，学识有如人生必备之水，唯不停汲取，才能修身养性，颐养天年。

第四节　中国瓷都景德镇

明太祖朱元璋发布废团改散的敕令以后，散茶开始在全国真正地流行开来。据《野获编补遗》记载，在明朝初期制茶"仍宋制"，还是以上贡建州茶为主，"至洪武二十四年九日，上以重劳民力，罢造龙团，唯采芽茶以进"。由此"开千古茗饮之宗"，此后散茶才大规模地走上了历史舞台。

明代的散茶种类名目繁多，比较有影响力的有虎丘、罗岕、天池、松萝、龙井、雁荡、武夷、日铸等茶类，这些散茶不需碾罗，可直接冲饮。其烹试之法"亦与前人异，然简便异常，天趣悉备，可谓尽茶之真味矣"！陈师在《茶考》中记载了当时苏、吴一带的烹茶法："以佳茗入磁瓶火煎，酌量火候，以数沸

明青茶碗

蟹眼为节，如淡金黄色，香味清馥，过此而色赤不佳矣！"这是壶泡法。而当时杭州一带的烹茶法与苏吴略有不同，"用细茗置茶瓯，以沸汤点之，名为撮泡"。其实无论是壶泡还是撮泡，较之前代都简便多了，还原了茶叶的自然天性。

由于茶叶不再碾末冲点，以前茶具中的碾、磨、罗、筅、汤瓶之类的茶具皆废弃不用，宋代崇尚的黑釉盏也退出了历史舞台，代之而起的是景德镇的白瓷。屠隆在《考磐余事》中曾说："宣庙时有茶盏，料精式雅，质厚难冷，莹白如玉，可试茶色，最为要用。蔡君谟取建盏，其色绀黑，似不宜用。"张源在《茶录》中也说："盏以雪白者为上，蓝白者不损茶色，次之。"因为明代的茶以"青翠为胜，陶以蓝白为佳，黄黑纯昏，但不入茶"，用雪白的茶盏来衬托青翠的茶叶，可以说是相辅相成。

饮茶方式的一大转变带来了茶具的大变革，从此壶、盏搭配的茶具组合一直延续到现代。明清两代的瓷器主要以景德镇为中心，景德镇成了名符其实的瓷都。明代的御窑厂就设在景德镇的龙珠阁。在元代青花、釉里红、红釉、蓝釉、影青、枢府釉瓷器发展的基础上，明代的督陶官对御窑厂进行严格的管理，经过几代窑工的努力，烧制出了不少创新品种，如明代永乐的甜白瓷、成化的斗彩、正德的素三彩、宣德的五彩。而明代仿宋代定窑、汝窑、官窑、哥窑的瓷器也很成功，特别是永乐朝烧制的白瓷，胎白而致密，釉面光润，具有"薄如纸，白如玉，声如磬，明如镜"的特点，时人称之为"甜白"。甜白茶盏造型稳重，比例匀停，又叫"坛盏"。高濂在《遵生八笺》中提到："茶盏唯宣窑坛盏为最，质厚莹玉，样式古雅。有等宣窑印花白瓯，式样得中而莹然如玉。次则宣窑内心茶字小盏为美。欲试花色黄白，岂容青花乱之。"

这个时期的景德镇官窑和民窑都生产了大量的茶具，品种丰富，造型各异，其中从釉色上来说有青花、釉里红、青花釉里红、单色釉（包括青釉、白釉、红釉、绿釉、黄釉、蓝釉、金彩）、仿宋五大名窑器、粉彩、五彩、珐琅彩、斗彩等。从茶具种类上来说，这时期的主要茶具有茶壶、茶杯、盖碗、茶叶罐、茶海、茶盘、茶船等。

明白釉弦纹壶

第五节 郑和与青花瓷茶具

元朝疆土的扩大和海外贸易的活跃，使得中国人的地理概念得到极大的充实。原先只关注于东亚地区的人们开始放眼西方，想要往西探寻更广阔的世界，于是在1405年至1433年便有了郑和七下西洋的壮举。1405年，明成祖命郑和率领庞大的宝船舰队远航，访问西太平洋与印度洋的30多个国家和地区。

郑和，原名马和。他出生于回族家庭，有姐妹四人，兄弟一人。洪武十三年（1381年）冬，明朝军队进攻云南，马和仅10岁，被明军副统帅蓝玉掠至南京，成为宦官之后，服侍燕王朱棣。在靖难之变中，马和为燕王朱棣立下战功。后来，明成祖朱棣将"郑"字赐于马和，以纪念其战功，于是后世称其为"郑和"。郑和深得明成祖信赖，他武功高强，又有智略，知兵习战。宣德六年（1432年），多次下西洋的郑和被钦封为三宝太监。

郑和曾到达过爪哇、苏门答腊、苏禄、彭亨、真腊、古里、暹罗、阿丹、天方、左法尔、忽鲁谟斯、木骨都束等30多个国家，最远曾到达非洲东岸、红海、麦加。郑和带去了金银、丝绸和瓷器，带回了当地的特产和新奇物品，如鸵鸟、斑马、骆驼和象牙。他从东亚港口带回的长颈鹿被当时的人们认为是传说中的麒麟兽，并且被视为明朝天命所依的凭证。

郑和像

不同于西欧的大航海活动往往伴随着殖民与战争，郑和下西洋以和平的外交手段来达到目的，他庞大的舰队足以威慑当地的敌人。在第一次远航时，郑和的舰队就由317艘船和28000多名船员组成。郑和率领船队下西洋的过程中，通过各种手段，调解和缓和各国之间的矛盾，维护海上交通安全，从而把中国的稳定与发展同周边联系起来，试图建立一个长期稳定的国际环境，提升了明王朝在国际上的威望。

郑和下西洋带回了无数的珍宝和新鲜物品，有人认为制作青花的上等釉料苏麻离青就是郑和带回来的。苏麻离青含铁高而含锰量低，烧造后呈现出蓝宝石般的鲜艳色泽，是制作青花瓷器的绝佳釉料。青花瓷器作为茶具，随着茶叶对外贸易的开展也随之传播到世界各地。

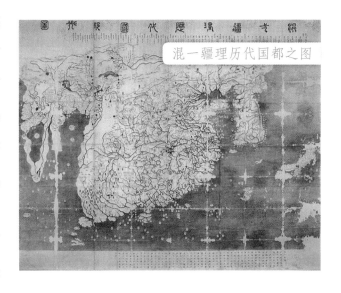

混一疆理历代国都之图

1433年，郑和在第七次下西洋途中因劳累过度在印度西海岸古里去世，船队由太监王景弘率领返航，于当年7月22日返回南京。郑和死后，明朝再无也没有规模地组织远洋舰队下西洋。尤其是经历了土木堡之变的明王朝，逐渐地把重心放在了北部边境，修复扩展了长城防御体系，再也无心面向海洋。

第六章 走向世俗的清代茶

进入清代以后，中国茶，在内不断地深入市井，走向世俗，走进千家万户的日常生活，层出不穷的新茶、好茶，遍布城乡的茶馆、茶号，南来北往的茶商、茶客，构成了欣欣向荣、绚丽多彩的近代茶业图卷；对外，则乘着政策的东风，以贸易的形式，迅速走向世界，并一度垄断整个世界茶叶市场。

第一节　君不可一日无茶
——清宫廷茶事

虽说清代是一个由少数民族建立并统治的朝代，但这丝毫没有影响清代统治者们对于饮茶的热衷与喜爱。祖居地偏僻寒冷的生存环境以及传统的狩猎游牧生活，使得满族人一早就与茶结下了不解之缘。早在宋辽时期，满族人的前身女真人就已有了饮茶的记载。入关后，随着满汉民族的融合，茶更是成为满族

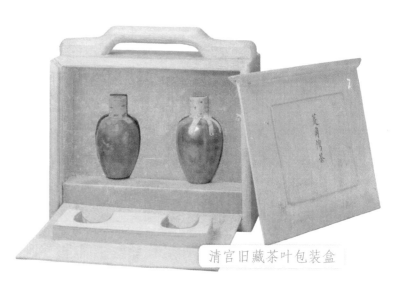

清宫旧藏茶叶包装盒

清宫旧藏茶叶包装盒

人日常生活必不可少的一部分，尤其是宫廷内部，茶事活动的内容之多、范围之广、规模之盛超越历朝。

先说琳琅满目的清代贡茶，不仅品类空前齐全，而且数量相当庞大。翰林院编修查慎行所著《海记》中提到，康熙年间，清宫贡茶分别来自江苏、安徽、浙江、福建、江西、湖北、湖南等省的70多个府县，而且年消耗量在13900多斤。到了乾隆时期，据《内务府奏销档》记载：朝廷每年收取进贡名茶30多种，每种各数瓶、数十瓶至一百余瓶，品类有两江总督进贡的碧螺春茶、银针茶、梅片茶、珠兰茶，闽浙总督进贡的莲心茶、花香茶、郑宅芽茶、片茶，云贵总督进贡的普洱大中小茶团、普洱女儿茶、芯茶、芽茶、普洱茶膏，四川总督进贡的进仙茶、菱角湾茶、观音茶、春茗茶、名山茶、青城芽茶、砖茶、锅焙茶，漕运总督进贡的龙井芽茶，江苏巡抚进贡的阳羡芽茶，安徽巡抚进贡的雀舌茶、松萝茶、涂尖茶，江西巡抚进贡的永新茶砖、庐山茶、安远茶、界茶等。清代宫廷设有专门的茶库，用于贡茶的储存与保管，还设有各类茶房、茶膳

清宫旧藏紫砂珐琅彩盖碗

坊、奶茶房
等，作为制
作茶饮的机构。据
统计，清代紫禁城建
有的茶库、茶房数量远
远超过明代，这也间接反映了
清王朝的主人们对于茶饮的喜爱。

清紫砂珐琅彩花卉纹壶

再说精致奢华、名目繁多的宫廷茶宴。随着清代礼仪制度的逐渐完备，到了清中期时，茶不仅仅是宫廷贵族的日常饮品，饮茶还被纳入皇家礼仪，演变为一种礼仪定制。据清朝典制所载，清宫中的许多宫廷筵宴、祭祀和庆典活动均有饮茶仪式，如千叟宴、万寿礼、大燕之礼、大婚之礼、命将之礼、太和殿筵宴、保和殿殿试等，其中最著名的要数重华宫茶宴。

重华宫茶宴由乾隆首创，是清宫春节期间最具代表性的茶宴之一，一般在正月上旬择吉日于重华宫举行。宴上，君臣围坐，赋诗饮茶，其乐融融。茶是乾隆

北京故宫博物院收藏的清乾隆皇帝的竹茶炉，制作颇为考究，系乾隆皇帝下令造办处的工匠专门为其设计制作。竹茶炉与其他茶具一起放进一个叫茶籝的包装盒子内，便于户外饮时茶携带。

御制的"三清茶"，以龙井打底，加之以梅花、佛手、松子一起冲泡，三者俱是清雅高洁之物，故而取名"三清茶"。具是茶宴特制的"三清茶具"，两江陶工手作，外书御制茶诗。诗是应景讨彩吉祥诗，由皇帝命题定韵，出席者赋诗联

清宫举行茶宴时用的"三清茶具"

句。茶宴毕时，皇帝还会颁赏王公大臣，亲赐大小荷包、饮茶杯盏等。据统计，重华宫茶宴在有清代一共举办了60余次，直到咸丰以后，因国力衰落而终止。

最后来说一说一众位高权重的茶人们。纵观清代的统治者，好茶者不在少数，孝庄、康熙、乾隆、光绪、慈禧等均在其列。相传，孝庄晚年节俭，饮食上唯一需要特殊开支的就是饮茶一项，尤其是她喜欢的仓溪茶与伯元茶，有时月消耗量达二斤八两。康熙皇帝南巡太湖时，为碧螺春赐名并题赞诗一首，传为美谈。光绪帝"晨兴，必尽一巨瓯，雨脚云花，最工选择"。慈禧太后爱饮花茶，并且每天饮茶三遍，雷打不动。但要说饮茶发烧友，还非乾隆皇帝莫属。

杭州龙井村18棵御茶

北海镜清斋内的焙茶坞

民间流传着很多乾隆与茶的故事，内容涉及种茶、饮茶、泡茶、茶诗等方方面面。他曾六下江南，四度到西湖茶区饮茶采茶，并亲封胡公庙前18棵茶树为"御茶"，派专人看管，年年岁岁采制进贡。他首倡重华宫茶宴，创制"三清茶"，还特制银斗，量天下名泉，用以烹茶。他一生共创作茶诗230多首，数量之多，不仅在历代皇帝中绝无仅有，就是文人学子中也很少见。晚年退位后，他仍嗜茶如命，在北海镜清斋内专设焙茶坞，自得其乐。据说，乾隆决定让位时，一位老臣曾不无惋惜地劝谏道："国不可一日无君啊！"一生好茶的乾隆帝却端起御案上的一杯茶，说道："君不可一日无茶。"道出了这位九五之尊对茶是何等的痴爱。

上有所为，下有所效，在上层社会如此浓郁的饮茶氛围影响下，清代的民间茶事也是一派生机勃勃。

第二节　茶馆小社会

　　亲爱的朋友，你留意过大街小巷中或热闹或幽静的各色茶馆吗？有去茶馆喝过茶？中国的茶馆，在世界上也称得上是一绝。尤其是在那个没有电视、电脑，没有手机、电话，没有网络的年代里，茶馆可是人们休闲娱乐、交流信息的重要场所。

清代茶馆中妇女儿童饮茶的情景

　　说起我国茶馆的历史，那可是相当的悠久。早在晋代，市场上已有茶水售卖。《广陵耆老传》载："晋元帝时，有老妪，每旦独提一茗器。往市鬻之，市人竞买。"当然这还

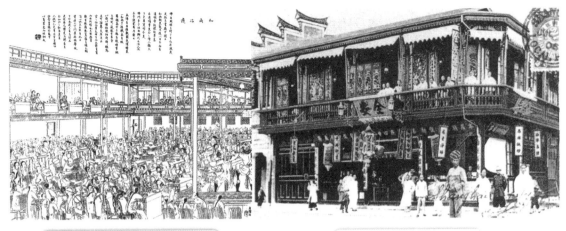

《清茶馆画》点石斋画作　　　　上海南京路全安茶楼

属于流动摊贩性质，尚不能称为茶馆。南北朝时，品茗清谈之风盛行，出现了一种供人喝茶住宿的茶寮，可视作茶馆的雏形。真正意义上的茶馆最早出现于唐代，《封氏闻见记》有云："自邹、齐、沧、棣渐至京邑，城市多开茗铺，煎茶卖之，不问道俗，投钱取饮。"不过，唐代茶馆并不普及，功能也不完善。发展到宋代，茶馆已相当成熟，并且分布广泛，种类繁多，当时一般多称为"茶肆""茶坊"。到了明清，大大小小的茶馆已遍布全国，不但形式越发多样，而且功能愈加丰富，尤其是清后期，各类茶馆争奇斗艳，一派繁荣，形成了绚丽多姿的近代茶馆文化。

清代的茶馆真可谓是五花八门、包罗万象，普通的品茶、吃饭是基本配备，更有让人眼花缭乱的多样化的特色服务。当时的茶馆有兼营说书弹唱的、演戏杂耍的、下棋打牌的、遛鸟斗蟋蟀的、洗澡理发的、擦鞋算命的、旅游住宿的，甚至有的还兼有赌场、烟馆、妓院的生意。每日里，各色人物、三教九流在茶馆中穿梭汇聚，八卦新闻、世间百态在茶馆中轮番上演。有人曾这样形容清末民初时期的茶馆：是沙龙，也是交易场所；是饭店，也是鸟会；是戏园子，也是法庭；是革命场，也是闲散地；是信息交流中心，也是起步小作家的书房；是小报记者的花边世界，也是包打听和侦探的耳目；是流氓的战场，也是情人的约会处；更是穷人的当铺。难怪老舍先生在创作话剧《茶馆》时直接把茶馆比作了"小社会"。

在当时众多的茶馆趣事中，"吃讲茶"是最有趣的。在旧时的中国，有人家里发生房屋、土地、水利、山林、婚姻等问题纠纷时，往往不上衙门打官司，而由中间人出面讲和，约双方一起去茶馆当面解决，这便是"吃讲茶"。吃讲茶的规矩是，先按茶馆里在座人数，不论认识与否，各给冲茶一碗，并由双方分别奉茶。接着，由双方分别向茶客陈述纠纷的前因后果，表明各自的态度，然后请茶客们评议，茶客就相当于现代西方法庭中的陪审团。最后，由坐马头桌（靠近门口的那张桌子）的公道人——一般是辈分较大、办事公道、享有声望的人，根据茶客评议，作出谁是谁非的最终结论。大家表示赞成，就算了事。这时理亏的一方，除了与对方具体了结外，还得当场付清在座所有茶客的茶资。

第三节　趣话茶庄、茶号

茶庄（戴敦邦图）

民国时期的茶庄（引自《三百六十行大观》）

清代，经过康雍乾三朝的发展，政治稳定，经济繁荣，在衣食有余的情况下，饮茶逐渐成为普通百姓的日常生活内容之一，为了满足消费者的各类茶叶需求，以茶叶经营为主的茶庄、茶号在全国各地纷纷出现，成为当时当地不可或缺的存在。

茶庄，即相当于现在的茶叶零售商店，主要以经营内销茶为主，在清后期，随着对外贸易的蓬勃发展，也有少量外销茶出售。茶号，则犹如现在的茶叶精制工厂和门店，它先是从茶农手中收购毛茶，然后经过精制加工，拼配整理成相应花色产品后运销。在清代，几乎各大城市都有数得上名的茶庄和茶号，它们或以过硬的拳头产品，行销中外；或以独特的经营之道，为人传颂，闪亮的金字招牌镌刻在了几代人的记忆之中。

翁隆盛茶庄广告

在杭州，说到翁隆盛茶号，在当时可以说是无人不知无人不晓。这家乾隆御封的"天字第一茶号"最早于清雍正七年（1730年）由海宁人翁耀庭创设，最初开在杭州市梅登高桥附近，此地与当时的科举考场贡院相近，所以各地考生来杭应试时，都会购买杭州特产龙井茶叶回去赠送亲友，由于翁耀庭善于经营，勤于招徕，茶叶生意越做越大。到了乾隆年间，翁隆盛龙井上贡朝廷，得皇帝青睐，乾隆皇帝微服私访时御题"翁隆盛茶号""天字第一茶号"招牌两块。后来，它还乘着"中国皇后"号海轮远售美国，开创了华茶运美贸易之先河。随着业务的发展，到了太平天国之后，翁隆盛将店迁到了当时的商业闹市清河坊，五层洋房的店面，门楣上还装饰有"狮球"注册商标，气派非常。1912年，翁隆盛龙井茶更是一举获得巴拿马万国博览会的特等奖，名声大振。由于翁隆盛茶号历史悠久，品质优良，货真价实，在国内茶叶同行中享负盛名，在东南亚一带亦信誉卓著，有些不法商贩便趁机假冒，为此翁隆盛于1933年刊印

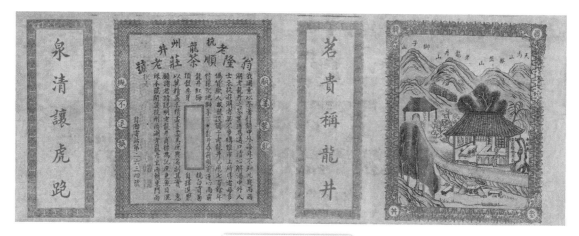

翁隆顺茶庄的包装

《为中外市场冒牌充斥敬告各界书》，郑重声明该号以"狮球"为注册商标，唯有清河坊60号一家老店，此外并无分号设置。另一方面，翁隆盛严密控制茶号包装纸，由有益山房独家承印，并把印好的版子收回（有的说把有益山房的印刷机搬到翁隆盛店内来印），以防包装纸外传。在外销茶叶包装木箱内的铁胆盖上，加轧机印有"狮球"注册商标字样，防止冒牌假造。据传当时在香港、广东等地，翁隆盛牌号的包装纸每副能值港币1角到2角，可见其影响之大。除了翁隆盛，当时杭州还有不少的茶庄、茶号，如方正大、茂记、吴元大等。

在离杭城相去不远的上海，茶庄、茶号开得也叫一个热闹，公兴隆、洪源永、黄隆泰、汪怡记、程裕新、程裕和……有名的，无名的；洋庄的，本庄的，林立街头，让人眼花缭乱。在这其中，规模最大，影响最大的要数汪裕泰茶庄。这家由徽商汪立政创立的茶庄，最早始于清咸丰年间，当时只是上海旧城老北门（今河南路）的一家小茶叶店，发展到其子汪自新（字惕予）这一代时到达顶峰，据说当时汪裕泰共有茶庄8爿，茶厂2处，分店4爿，拥有进口十吨大卡车2辆，小轿车3辆。其中，尤以第七茶号为最大，占地十余亩，有环境幽雅的花园，园中建有西式灰白相间的住宅，门口还有持枪门警守卫。说到这位"茶二代"汪自新也是位传奇人物，他既是出色的医者，也是精明的商人，还是位地道的琴痴。汪自新出资数十万元，在杭州西湖边造了一座园林，取名为青白山庄，俗称汪庄。庄中亭台楼阁，奇花异卉，布置极具匠心，不仅开设有"汪裕泰

上海南京路上的汪裕泰茶号（引自《行业写真卷》）

分号"售茶卖茶，还建有"今蜷还琴楼"来珍藏的古今名琴。1929年西湖博览会期间，一场"真假唐代雷威'天籁'琴事件"引起了轰动，汪自新当众"剖琴"以正名，用一把价值连城的古琴换得了商人最可贵的诚信，一时间"汪泰裕"的名号震天响，数省茶民几乎无人不知。

除了沪杭两地，当时全国知名的茶庄、茶号还有很多，如北京的张一元、张家口的大裕川、汉口的广昌和、长沙的朱乾升等，这些百年的老字号茶店流传至今的已寥寥无几，但正是它们组成和见证了近代中国茶业的辉煌。

汪裕泰茶叶"最上礼品"包装

第四节　鸦片战争与茶叶贸易

　　说到鸦片战争，每个中国人都会气得牙痒痒，正是这场由英国人发动的侵略战争，我国开始签订了历史上第一个不平等条约——《南京条约》，开始向外国割地、赔款、丧失主权，开始沦为半殖民地半封建社会。鸦片战争是中国历史上划时代的大事，拉开了中国近代史的序幕。大家可能难以想象，如此重大的历史事件的发生竟然和小小的茶叶有着千丝万缕的联系，现在就听我来说一说吧！

　　早在15世纪末东西航路开通时，西方人就慢慢了解并爱上了中国茶，并把它视作珍贵奢侈的饮品，只有贵族与富人才能享用，价格十分昂贵。聪明的欧洲商人看到了商机，开始大量从中国运载茶叶回国贩卖，赚取差价。"海上马车夫"荷兰是中西茶叶贸易的先

清末上海港出口的外销茶

驱。1607年，荷兰东印度公司首次从澳门运输茶叶，经爪哇转口销往欧洲，拉开了中欧茶叶贸易的序幕。整个17世纪和18世纪初，荷兰是西方最大的茶叶贩卖国。随后，荷兰人的茶叶贸易霸主地位被英国人取代。英国东印度公司最早于1687年开始直接从厦门购买茶叶，1704年在广州购买的茶叶价值14000两白银，占总货值的11%，1716年上升为总货值的80%，茶叶开始成为中英贸易中的重要商品。从1730年到1795年的绝大部分

18世纪英国的下午茶

年份中，茶叶货值均占总货值的一半以上。特别是鸦片战争前期，英国东印度公司进口的华茶占到了其总货值的90%以上，1825年和1833年更是达到100%，茶叶成为其唯一的进口商品。

茶叶等商品的大量出口，使我国在对外贸易中赚取了大量的白银，英国人眼看着自己大把大把的银子被中国人赚走，十分地着急眼红，他们开始竭力向中国推销他们本国的羊毛、尼龙等工业产品，但是这些商品不受中国老百姓欢迎，销路不好。为了改变这种不利的贸易局面，英国人想到了一种卑劣的手段：向中国大量走私鸦片，让中国人吸食后上瘾，这样就可以源源不断地赚回白银了。果然，从此中国的白银开始大量外流，国库日渐空虚，更可恶的是烟毒严重摧残

外商检验中国外销茶

清外销茶叶装箱

了中国人民的身心健康，破坏了社会生产力。直到1839年，清政府认识到了鸦片危害的严重性，派出大臣林则徐到广州开展禁烟运动，便有了轰轰烈烈的虎门销烟。但是英国人借口禁烟行动侵犯了私人财产，以此为由，于1840年6月发动了第一次鸦片战争，也从此拉开了我国近代史的序幕。

鸦片战争后，随着五口通商，清政府对茶叶出口运输的限制取消了，茶叶贸易得到了更加迅速的发展，从17世纪至19世纪60年代，茶叶一直是中国占第一位的出口商品。直到1886年以后，由于印度茶的竞争和华茶自身问题等原因，茶叶出口量才开始逐渐衰退。

东印度公司到中国的运茶商船

第五节 "哥德堡"号商船与中国茶

走进中国茶叶博物馆的茶史厅，不少游客都会在一盒小小的茶样前驻足。盒中的茶叶早已糜烂变质，就像梅干菜一般，与它身边精美的文物形成鲜明的对比。可是，就是这样一份不起眼的茶样，见证了我国茶叶外销的光辉历史，见证了航海史上著名的商船"哥德堡"号的传奇故事。

哥德堡沉船茶样(中国茶叶博物馆馆藏)

1767年中国与瑞典的茶叶交易契

"哥德堡"号是一艘以瑞典名城哥德堡命名的大帆船，服务于瑞典东印度公司，1738年由瑞典船舶设计师弗雷德里克·查普曼设计，在斯德哥尔摩建造。该船船体总长58.5米，水面高度47米，18面船帆共计1900平方米，载重量833吨，船上配备30门大炮，是当时瑞典东印度公司旗下最大的商船之一。1739年1月21日至1740年6月15日，1741年2月16日至1742年7月28日，"哥德堡"号商船劈波斩

"哥德堡"号素描图

Ostindiefararen Götheborg

"哥德堡"号的标志

清外销漆描金人物纹茶叶盒（中国茶叶博物馆馆藏）

浪，先后两次成功完成瑞典与中国广州之间的远洋航行，带回大量中国商品，不仅为瑞典东印度公司赚取了高额利润，也为当时欧洲掀起的"中国热"更添了几分热度。

1745年9月12日，这是一个阳光明媚、风平浪静的日子，也是货运商船"哥德堡"号第三次远航中国归来的日子。清晨，新埃尔夫斯堡的码头上人声鼎沸，人们手捧着鲜花一边焦急地等待与亲人团聚，一边热闹地猜测着船上装载的中国珍宝。

终于，海平面上出现了"哥德堡"号的帆影，人群欢呼起来，有人跳起了舞，唱起了歌。慢慢地，船离港口越来越近了，人们看到了船员们挥舞着手臂，领航员登上了甲板，还有1千米……900米了……就在人们热切期盼的目光中，突然一声巨响，"哥德堡"号猛烈地撞击在近海的一块礁石上，风平浪静的海面即刻掀起巨浪，大船顷刻间沉入了苍茫的大海。所幸的是离岸较近，并无人员伤亡，但整船的货物被大海吞噬了。人们哀叹、无奈，兴奋的泪花瞬间变成了悲伤的泪水。走过惊涛骇浪都没有翻沉的"哥德堡"号却在风平浪静中沉没了，这成了航海史上的一个不解之谜。

整整260多年过去了，但人们对"哥德堡"号的兴趣并没有减退，对于沉船物品的打捞也一直没有停止过。那么，"哥德堡"号究竟从中国带回了什么样的珍宝呢？

据统计，当时船上装有的中国货品约有700

吨，除100吨瓷器，部分的丝绸、藤器、珍珠母和良姜等物品外，大量装载的就是中国茶，足足有2677箱（相当于366吨），其数量之大令人震惊。而且由于当时中国出口的茶叶包裹十分严密，多用锡罐或锡纸包装，防潮、防霉，不怕海水侵蚀，所以，据说有些茶叶从海里打捞出来后，还能饮用，且香味犹存。

中国茶叶博物馆收藏的"哥德堡"号沉船茶样其实有两份，一份是1990年10月开馆之初由瑞典驻上海领事馆总领事赠送；一份是1991年，时任国务院副总理田纪云访问瑞典时，瑞典首相赠送，在得知杭州已建有中国茶叶博物馆后，他将此茶样转赠我馆。如今，这两份历经沧桑的沉船茶样静静地展示于博物馆展厅中，向来来往往的中外游客们诉说着中瑞之间茶叶商贸的往事……

2005 年"哥德堡"号仿古船中国行路线图

上海

广州

雅加达

弗里曼特尔

民国老照片中的盘肠壶

第六节　神奇的盘肠壶

在中国茶叶博物馆的茶具厅里，有一把神奇的茶壶，你从它的一个口子倒进一碗冷水，马上就会从另一口子吐出一碗热水。这是一把高科技的自动电茶壶吗？其实不然，这神奇的大茶壶早在100多年前的民国时期就有了，名字就叫作盘肠壶，又称为"大茶炊"或"龙茶壶"。

盘肠壶一般用紫铜锤打焊接而成的，样子比较奇特：圆滚滚的壶肚子，细把手，细弯嘴，头上顶着两个大烟囱，上下还各开了一个圆形的孔。别看样子怪，在当年的茶馆、茶铺里，它可是个重要角色，肩负着日夜为茶客提供热水的重要任务。到了盛夏酷暑时节，在人来人往的桥头、路边、庙宇等地也经常可以看到盘肠壶的身影。一些善心人士会在它的热水出口下方放置一个大缸，缸里有一个口袋，袋内装着茶叶、青蒿

中国茶叶博物馆馆藏盘肠壶

梗、砂仁、豆蔻等药材。人们从上方的冷水口加入一瓢冷水，侧方的壶嘴便自动有热水流到缸中。待缸里的茶包慢慢渗出了茶汁，茶水就舀至钵头中放凉。汗流浃背、口干舌燥的行人路过此地，坐下来歇歇脚，用竹节舀起一口凉茶喝下去，真是胜过甘露琼浆啊！

上海内山书店

　　据说，大文豪鲁迅先生与日本友人内山完造也曾留下过一段合作施茶的佳话。适逢1935年，暑热早临，当时鲁迅先生的日本朋友内山完造在上海山阴路开了一家内山书店，眼瞅着门前来来往往的苦力劳动者们在艳阳底下挥汗如雨，却连个喝水歇脚的地方都没有，两人一合计，决定施茶。在内山书店门口放置一口茶缸，内山负责烧水泡茶，鲁迅先生则负责供应茶叶。施茶原是无偿的，但内山经常发现在茶缸里会有几枚铜钱。起初他还以为是顽皮小孩丢进去的，后来亲眼目睹人力车夫饮茶后将铜钱投进缸内，这才知道是人力车夫对他施茶的报答。后来，内山在一篇题为《便茶》的回忆文章中记述了这次施茶之举，使他尤为感动的是在施茶过程中所见到的中国劳动人民的伟大品格。

说到这里，大家想到盘肠壶自动出水的秘密了吗？奥秘就藏在它的大肚子里。让我们剖开壶肚来一探究竟吧！原来，壶的内部分为两部分，一部分贮水，一部分放燃料。中间以圆弧形铜板隔开，使水最大面积地接触燃烧腔，达到快速煮水的效果。柴片由壶的上方投入，柴灰可从下面的圆孔倒出。壶上方还有一个加水口，它连着一根细管一直通到壶底。加入冷水时，由于冷水的密度大，热水的密度小，冷水就沉在壶底，烧开的沸水浮在上端。因为壶的容量有限，往装满热水的壶里再添加冷水的话，侧上方的出口势必会溢出相同体积量的热水，这就是盘肠壶自动出水的秘密所在。

用盘肠壶烧水，不仅节约燃料，还节省劳力，大大提高了人们的劳动效率。更为重要的是，盘肠壶身上不仅闪烁我们祖先智慧的光芒，还闪烁着乐善好施、助人为乐的人性光辉。

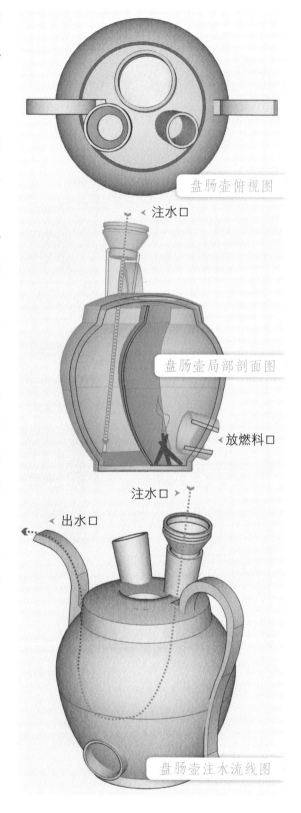

盘肠壶俯视图

注水口

盘肠壶局部剖面图

放燃料口

注水口

出水口

盘肠壶注水流线图

第七节 誓为祖国正茶名

——当代"茶圣"吴觉农的故事

1919年的中国，山河破败，列强入侵。此时，来自浙江省上虞的一位年轻人，正在日本农林水产省茶叶试验场发奋学习。怀抱着实业救国、科技兴茶的强烈愿望，他每天衣不解带，目不交睫，钻研日本先进的茶叶栽培和制造技术，收集研究世界各国的茶贸易文化史料。这位年轻人就是吴觉农，原名吴荣堂，因立志要振兴农业，故改名觉农。

留学日本时的吴觉农

茶叶与丝绸一样，原产于我国，我们的祖先早在3000多年前就学会了栽培和利用茶叶，并把它推广到全世界。当看到英国人勃莱克在《茶商指南》里说及"茶的原产地，为印度而非中国"，易培逊在《茶》一书里说"中国只有栽培的茶树，不能找到绝对的野生茶树，只印度阿萨姆发现的野生茶树为一切茶树之祖"，以及《日本大辞典》里说"茶的自生地在东印度"等叙述后，一股莫明之火不由得在胸中燃起。吴觉农顿足疾呼："一个衰败了的国家，什么都会被人掠夺！而掠夺之甚，无过于连生乎吾国长乎吾地

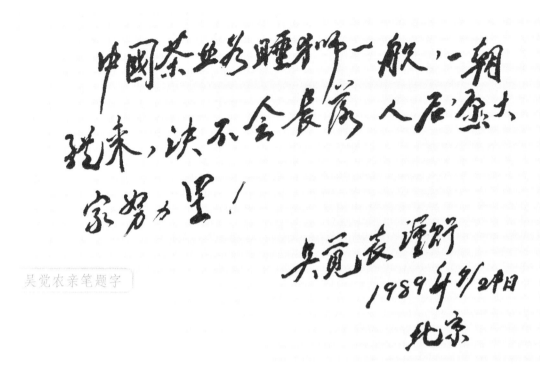

中國茶业为睡狮一般，一朝醒来，决不会長為人后，應大家努力里！

吴觉农谨识
1989年9/24日
北京

吴觉农亲笔题字

的植物，也会被无端地改变国籍！……学术上最黑暗、最痛苦的事，实在无过于此了！"

吴觉农决心对这种有意地对历史事实的歪曲进行回击。他根据我国古籍中有关茶的记载，引经据典，写了《茶树原产地考》一文，雄辩地论证茶树原产在中国。文中写道："《神农本草经》云，'茶味苦，饮之使人益思、少卧、轻身、明目'，时在公元前2700多年……我国饮茶之古，于此已可概见……印度亚萨野生茶树的发现，第一次在印度还是独立时候的1826年，第二次则为印度被吞并以后。"他用无可辩驳的事实说明，我国茶树的发现和利用要比印度早上几千年。他的这一篇文章是我国首篇系统驳斥某些有意歪曲茶树原产地的专论，也是一篇声讨殖民主义者进行经济文化掠夺的檄文，引起了中外学者的重视和关注。

不仅如此，留学归国后，吴觉农更加积极地投身到茶叶事业中去。1931年，他为我国制定了第一部出口茶叶检验法典。1930-1937年间，他深入浙、皖、赣、闽等主要产茶区实地考察，在东南各茶区设立茶叶改良场，推动地方茶叶生产。1935年，他前往印度、锡兰（今斯里兰卡）、印度尼西亚、日本、英国、苏联等国进行考察，写下《印度锡兰之茶业》《荷印之茶业》等调查报告，为中国茶业的复兴和发展提供借鉴。1940年，在他的努力促成下，复旦大学设立了茶学系，这是我国高等院校中的第一个茶叶专业系科，为我国培养了一大批现代茶叶专业人才。1941年，为了茶叶事业的长远发展，他在福建成立了我国第一个茶叶研究所，并任所长，开展茶叶栽

吴觉农与浙江省茶业改良场工作人员合影

吴觉农考察印度尼西亚茶厂

老年时期的吴觉农

培、机械制造、茶叶化学分析及茶叶贸易史等方面的研究。中华人民共和国成立后，他担任农业部副部长兼中国茶叶进出口公司总经理，为了实现中国的茶业经济新体系作出了不懈的努力。甚至是到了晚年，他还不遗余力地弘扬中国茶文化，倡议筹建中国茶叶博物馆，主编了《茶经述评》《茶叶全书》等大量

吴觉农编著的部分茶书

茶学著作。

吴觉农为中华茶业的振兴兢兢业业奋斗达70余年，陆定一曾在《茶经述评》的序言中写道："觉农先生毕生从事茶事，学识渊博，经验丰富，态度严谨，目光远大，刚直不阿。如果陆羽是'茶神'，那么说吴觉农先生是当代中国的茶圣，我认为他是当之无愧的……"

中国茶叶博物馆内的吴觉农像

茶 树按植株形态的不同，可分为乔木型、半乔木型和灌木型三种。乔木型茶树植株高大，主干明显，多为野生，生长于云南、贵州等省。半乔木型茶树植株较高大，主干较为明显，但分枝部位离地面不高，多分布于云南、福建等省。灌木型茶树植株比较矮小，没有明显主干，骨干枝大部分从靠近地面根颈部长出来，呈丛生状态，分布于浙江、江苏等大多数茶区。

第一章 茶树大家庭
——茶树品种及分类

我国西南部是茶树的起源中心，东亚、南亚和东南亚部分地区也生长着野生的茶树。如今，茶树在世界上60多个国家种植生长，是最受人们欢迎的饮料。茶树通常是人工修剪成的0.8-1.2米高的常绿灌木或者小乔木，根系非常发达，花一般为黄白色，直径2.5-4厘米，花瓣7-8片。在热带地区，也有乔木型茶树可高达15—30米，树围1.5米以上，树龄可达数百年至上千年。

茶树图

茶树的种子可以用来榨油，但是千万别把它和山茶油混为一谈。山茶油是取自油茶树的种子，而油茶树和茶树不是同一类的植物。

用来制作茶叶的茶树叶片通常含有丰富的茶多酚

灌木型茶树

云南古茶园

和咖啡因。一般来说，越嫩的茶叶颜色越翠绿，上面发亮，下面有细小的绒毛。粗老的茶叶则颜色较深。不同老嫩程度的茶树叶片制作的茶叶品质也不相同，那是因为老的茶叶和嫩的茶叶含有的物质成分也不相同。

2017年，中科院昆明植物研究所的科学家们成功地破译了茶树基因组，率先在国际上完成了栽培茶树大叶茶种云抗10号核基因组的测序和组装。研究发现，强烈的自然选择促进了茶树抵抗生物和非生物逆境的抗病基因家族的大量增长，进而诠释了为什么茶树可以在全球扩散和广泛种植。在对大多数茶组植物和非茶组代表植物进行化学成分比较分析后，研究团队发现，茶组植物富含茶多酚和咖啡因，且显著高于非茶组物种，高含量的茶多酚和咖啡因决定了山茶属植物是否适合制茶和茶叶的风味特征。

茶树主要种植于热带与亚热带地区，南纬16度至北纬30度之间，年降水量在1000毫米以上的地区。喜欢温暖湿润的环境，适于在漫射光下生长。许多高品质的茶树生长于海拔1500米以上的高原地区，在那里茶树生长得更为缓慢，制作的茶叶也更富风味。

第二章　茶树的一生

　　茶树的生命周期很长，从种子萌芽、生长、开花、结果、衰老、更新直到死亡，要经历数十年到数百年。由于繁殖方式不同，茶树的一生并不完全一致。例如，有的茶树是由种子萌发生长而成的，有的茶树是由一小段枝条扦插发育而成的。一株茶树的生长发育过程大致可分为4个时期：幼年期、青年期、壮年期和衰老期。

　　茶树的种子经过选种、播种、发芽到茶苗，大概需要八九个月，逐渐长成幼龄的茶树。在这一时期，要保持土壤疏松，以利于茶苗出土扎根；刚出土的茶苗生长幼嫩，需精心护理，清除杂草；茶苗生长到一定程度后要定期修剪，抑制主干生长，多形成分枝。如此经过3个春秋，茶树地上和地下部分分别形成不少分枝和侧根，并开始出现茶花和茶果，标志着茶树的生长发育进入一个新的阶段。

　　茶树的青年期从茶树开始出现花果到树型基本定型为止，一般要经历3-4年时间。进入青年期后，茶树主干向上生长开始减弱，侧枝生长日益加强，分枝越

茶树幼年期

茶树青年期

来越多，树枝已呈开张状。同时，根系随树龄增长，不断分生出多级侧根，此时茶树的开花结果日益增多，茶叶产量也迅速上升。但这时茶树的修剪程度要稍轻，不可过多采摘茶叶。青年期是茶树生命活动蓬勃发展的时期。

幼龄茶树再经过3-4年的修剪培育，长成壮年期茶树，并开始被人利用采摘。茶树也会开花结果，其大多在10-11月开花，花形较小，多呈白色，也有淡黄或粉红的。茶籽则大约在霜降前后成熟，呈黑褐色球形或半球形，2-4粒一组由墨绿色果皮包裹。在壮年期维护得当，茶树则可以持续生产优质茶叶15-30年。

茶树衰老期从茶树开始出现自然更新到自然死亡为止，它是茶树生命活动中延续时间最长的一个时期，通常在百年以上。茶树进入衰老期后，新梢生长能力衰退，树冠分枝开始减少，细小侧根开始死亡，茶叶产量和品质逐年下降，开花结果仍然较多，但结实率很低。在这一时期，除了加强肥培管理外，可对茶树进行不同程度的修剪，促使茶树重新形成树冠，复壮茶树，使茶叶品质和产量得到回升。

茶树壮年期

第三章　从茶园到茶杯

——六大茶类加工

生长在茶园里的茶鲜叶是如何变成茶杯中清香四溢的茶饮品的呢？其实，从茶树新梢上采下的芽叶通过不同的加工方法，可制成不同品质特点的六大茶类：绿茶、红茶、乌龙茶（青茶）、黄茶、白茶、黑茶。

绿茶

绿茶的种类很多，加工方式多样，基本工艺可概括为杀青、揉捻和干燥。以西湖龙井为例，主要的加工工序可以分为鲜叶摊放、青锅、摊凉回潮、辉锅、收灰贮藏。

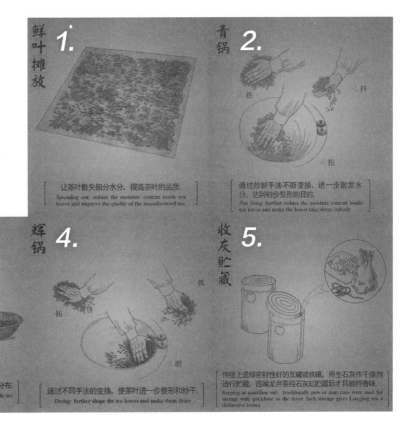

1. 鲜叶摊放
让茶叶散失部分水分，提高茶叶的品质。
Spreading out: reduce the moisture content inside tea leaves and improve the quality of the manufactured tea.

2. 青锅
通过炒制手法不断变换，进一步散发水分，达到初步整形的目的。
Pan firing: further reduce the moisture content inside tea leaves and make the leaves take shape initially.

3. 摊凉回潮
将青锅后的茶叶摊放，使茶叶水分重新均匀分布。
Spreading out for moisture regain: make the moisture inside tea leaves distribute evenly.

4. 辉锅
通过不同手法的变换，使茶叶进一步整形和炒干。
Drying: further shape the tea leaves and make them dries.

5. 收灰贮藏
传统上选择密封性好的瓦罐或铁罐，用生石灰作干燥剂进行贮藏。西湖龙井茶经石灰缸贮藏后才具独特香味。
Keeping in quicklime: traditionally pots or iron cans were used for storage with quicklime as the dryer. Such storage gives Longjing tea a distinctive aroma.

红 茶

红茶加工的基本工艺主要是萎凋、揉捻、发酵和干燥，其中发酵是形成红茶品质特征的关键工序。以祁门红茶为例，主要工序分为萎凋、揉捻、解块、发酵、干燥。

萎凋 1.

鲜叶经摊放脱去部分水分。
Withering: reduce the moisture content inside tea leaves by spreading the fresh leaves out.

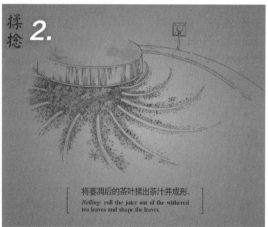

揉捻 2.

将萎凋后的茶叶揉出茶汁并成形。
Rolling: roll the juice out of the withered tea leaves and shape the leaves.

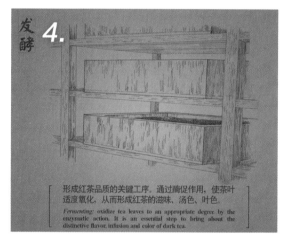

发酵 4.

形成红茶品质的关键工序。通过酶促作用，使茶叶适度氧化，从而形成红茶的滋味、汤色、叶色
Fermenting: oxidize tea leaves to an appropriate degree by the enzymatic action. It is an essential step to bring about the distinctive flavor, infusion and color of dark tea.

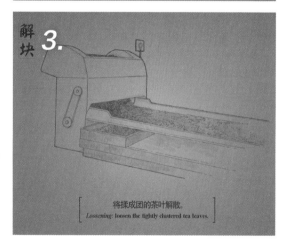

解块 3.

将揉成团的茶叶解散。
Loosening: loosen the tightly clustered tea leaves.

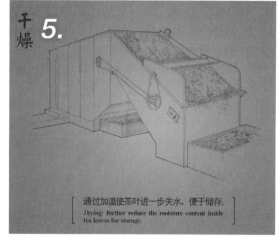

干燥 5.

通过加温使茶叶进一步失水，便于储存。
Drying: further reduce the moisture content inside tea leaves for storage.

乌龙茶

乌龙茶加工的基本工艺有晒青、晾青、摇青、杀青、揉捻和干燥，其加工特点结合了绿茶和红茶的制作工艺。以武夷岩茶为例，主要加工工序为晒青、晾青、做青、杀青、揉捻、烘干。

晒青 1.
将鲜叶在傍晚的日光下摊放，以失去部分水分，亦称"日光萎凋"。
Sun-drying: spread out the fresh leaves in the sunshine toward evening for the loss of certain moisture. The step is also called "withering in the sunshine".

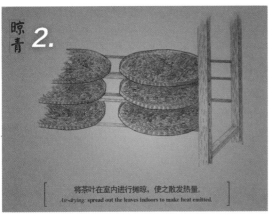

晾青 2.
将茶叶在室内进行摊晾，使之散发热量。
Air-drying: spread out the leaves indoors to make heat emitted.

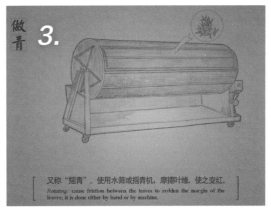

做青 3.
又称"摇青"。使用水筛或摇青机，摩擦叶缘，使之变红。
Rotating: cause friction between the leaves to redden the margin of the leaves; it is done either by hand or by machine.

杀青 4.
利用高温破坏酶的活性，控制茶叶进一步氧化。
Heating: stop the enzyme activity and the oxidation at a high temperature.

揉捻 5.
将茶叶揉出茶汁并成形。
Rolling: roll the juice out of tea leaves and shape the leaves.

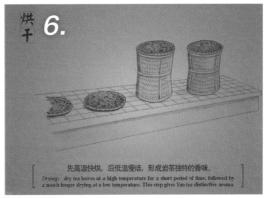

烘干 6.
先高温快烘，后低温慢焙，形成岩茶独特的香味。
Drying: dry tea leaves at a high temperature for a short period of time, followed by a much longer drying at a low temperature. This step gives Yan tea distinctive aroma.

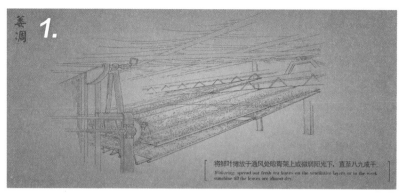

将鲜叶摊放于通风处晾青架上或微弱阳光下，直至八九成干。
Withering: spread out fresh tea leaves on the ventilative layers or in the weak sunshine till the leaves are almost dry.

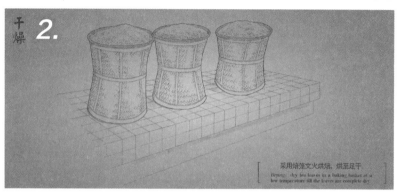

采用焙笼文火烘焙，烘至足干。
Drying: dry tea leaves in a baking basket at a low temperature till the leaves are complete dry.

白　茶

白茶加工的基本工艺为萎凋、干燥，不炒不揉，加工工艺独树一帜。以白毫银针为例，主要工序有萎凋、干燥。

黄　茶

黄茶加工的基本工艺为杀青、揉捻、闷黄、干燥，其中形成黄茶品质的关键工序是闷黄。以黄大茶为例，主要工序有杀青、揉捻、闷黄、干燥。

利用高温，使叶质柔软，散发水分。
Pan firing: soften tea leaves and cause the loss of moisture content at a high temperature.

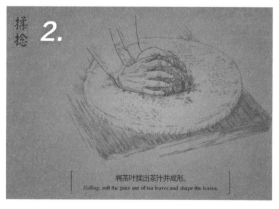

将茶叶揉出茶汁并成形。
Rolling: roll the juice out of tea leaves and shape the leaves.

闷黄 3.

通过堆闷或包闷，使叶色变黄，形成黄茶特有的品质。
Smothering: pile tea leaves to make them turn yellow.

干燥 4.

利用高温进一步促进黄变和内质的转化，以形成黄大茶特有的"锅巴"香味。
Drying: further yellow the tea leaves and change the nature of tea leaves, thus Huang dacha smells like crispy rice.

黑　茶

　　黑茶加工的基本工艺为杀青、揉捻、渥堆、干燥，其中关键工序是渥堆。以云南普洱为例，主要工序为杀青、揉捻、晒青、渥堆、干燥。

晒青 3.

利用日光，薄薄摊干，晒至茶叶含水量10%左右。
Sun drying: spread tea leaves out in the sunshine till the leaves lose about 90% of moisture content.

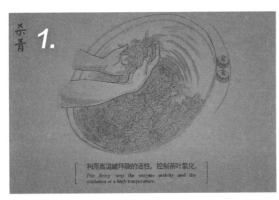

杀青 1.

利用高温破坏酶的活性，控制茶叶氧化。
Pan firing: stop the enzyme activity and the oxidation at a high temperature.

渥堆 4.

将茶叶匀堆、泼水使其吸收水分，再把茶叶堆成一定厚度，自然发酵后，茶叶色泽变褐，形成特殊的陈香味。
Heaping: pile tea leaves equably, then spray some water. After that, pile the tea leaves to a certain thickness for a natural fermenting.

揉捻 2.

将茶叶揉出茶汁并成形。
Rolling: roll the juices out of tea leaves and shape the leaves.

干燥 5.

将茶叶摊放，散发水分，自然风干。
Drying: spread out tea leaves to generate rinsing of moisture and air-drying.

要了解茶叶的制作，我们首先需要知道一些基础的制茶概念。比如我们常说的红茶的发酵。在制茶过程中，有时茶叶会发生一系列的化学变化，不同的制茶技术会产生不同的化学变化，从而制成品质不同的茶类。红茶制作工序中，叶片的细胞内含物发生了很复杂的变化，主要是氧化变化，茶叶中所含的物质发生氧化反应，改变了茶叶的品质，同时叶绿素也被破坏，颜色变浅，改变鲜叶原本的品质，使其色香味都发生了改变。发酵使得茶叶的色泽变深，冲泡后的茶汤颜色变得红艳，所以被称为红茶。发酵后的红茶呈现红叶红汤的品质特征，香气得到了提升，同时去除了茶叶的苦涩。在发酵之前，茶叶需要经过揉捻的工序，通过破坏叶组织，把细胞的内含物挤出来，在酶促作用下，使主要的多酚类化合物在短时间内迅速地发生氧化反应。

乌龙茶做青是要获得干茶青色、汤色橙黄和特有的香味，要求细胞内含物仅局部氧化，只轻微地擦破叶片边缘，在相当时间内较慢的氧化，仅仅是叶缘部分变色显露，形成"绿叶红镶边"的品质特征。

黑茶渥堆要获得干茶褐绿色，汤色黄褐，细胞内含物起一定程度的变化，或固定一部分内含物不变化或少变化。先杀青破坏酶促作用，后揉捻破坏叶组织，挤出内含物，在相当长的时间内缓慢氧化，也是局部的迟缓质变，一部分物质已在杀青时固定下来。

黄茶闷黄要获得干茶黄色，茶汤黄色。先杀青破坏酶的活化，而后闷黄，使叶绿素彻底破坏。

在制茶过程中，有酶的催化反应，也有热物理反应、自动氧化反应和微生物的催化反应。

酶的催化反应即酶促作用，它影响各类茶的制作，只是影响程度的大小不同而已，特别是红茶发酵、乌龙茶做青和白茶萎凋过程中，酶促反应有很重要的作用。

在制茶过程中，热化作用是茶叶品质生成的主要动力，均匀地调节水分与温度，提高水分与温度的催化作用，促使茶叶中各物质的相互作用。干热和湿热的作用不同，除白茶用光热作用外，其他各类茶的制作中干热与湿热并用，杀青和干燥都是制茶过程中的热化作用，黑茶的渥堆和黄茶的闷黄也是热化作用。

真菌类的微生物含有氧化酶，能促进氧化作用。在压制黑茶前，原料先经过蒸软，压造后经过相当长时间的定型或低温干燥过程。在这期间，因蒸汽使茶叶湿润，微生物得以滋生繁殖，促进氧化作用，形成黑茶的品质。

第四章 茶艺初探

中国丰富的茶类决定了中国茶文化的繁盛多彩。从世界范围来看，中国的茶文化既不同于欧美等国以下午茶等形式为主的调饮茶文化，也不同于日本、韩国以绿茶为主的单一种类的茶文化，而是形成了不同民族、不同地区、不同历史时期的丰富多彩的茶文化表现形式——中国茶艺。

根据茶艺主体的社会阶层，茶艺可以分为宫廷茶艺、文士茶艺、民俗茶艺以及宗教茶艺。以茶为主体来分，又可分为绿茶茶艺、红茶茶艺、乌龙茶（青茶）茶艺、黄茶茶艺、白茶茶艺以及黑茶茶艺六类，花茶和紧压茶虽然属于再加工茶，但在茶艺中也常用。所以以茶为主体来分类，茶艺至少可分为八类。

下面分别以西湖龙井、祁门红茶、安溪铁观音为例，来介绍绿茶、红茶和乌龙茶的茶艺。

第一节　绿茶茶艺
——西湖龙井茶艺

西湖龙井茶是绿茶中最有特色的茶品之一，位列我国十大名茶之一，具有1200多年历史。龙井茶扁平挺秀，叶底细嫩，芽叶成朵，翠绿微黄，以"色绿、香郁、味醇、形美"四绝著称。龙井茶泡以虎跑水，清洌甘醇，回味无穷，堪称"西湖双绝"。

器皿：

透明玻璃杯、水壶、清水罐、水勺、赏泉杯、赏茶盘、茶匙、干净的硬币等。

第一道：初识仙姿

优质龙井茶，通常以清明前采制的为最好，称为明前茶；谷雨前采制的稍逊，称为雨前茶；而谷雨之后的就非上品了。元人虞集曾有"烹煎黄金芽，不取谷雨后"之语。

第二道：再赏甘霖

冲泡龙井茶必用虎跑水，如此才能茶水交融，相得益彰。虎跑泉的泉水是从砂岩、石英砂中渗出，将硬币轻轻置于盛满虎跑泉水的赏泉杯中，硬币置于水上而不沉，水面高于杯口而不外溢，表明该水水分子密度高，表面张力大，碳酸钙含量低。

第三道：静心备具

冲泡高档绿茶要用透明无色的玻璃杯，以便更好地欣赏茶叶在水中上下翻飞、翩翩起舞的仙姿，观赏碧绿的汤色、细嫩的茸毫，领略清新的茶香。把水注入将用的玻璃杯，以便清洁杯子并为杯子增温。茶是圣洁之物，泡茶人要有一颗圣洁之心。

备具

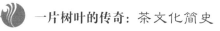
第四道：悉心置茶

"茶滋于水，水藉乎器。"茶与水的比例适宜，冲泡出来的茶才不失茶性，充分展示茶的特色。一般来说，茶叶与水的比例为1∶50，即100毫升容量的杯子放入2克茶叶。用茶则轻取茶叶，每杯用茶2-3克左右。置茶要心态平静，防止茶叶掉落在杯外，以示敬茶惜茶的茶人修养。

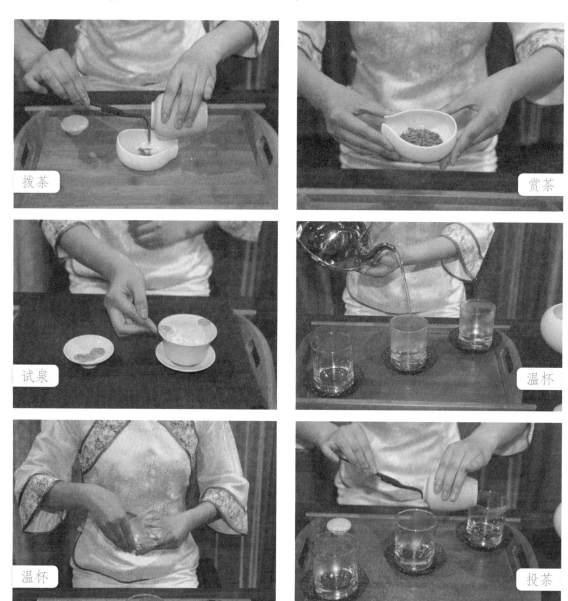

拨茶

赏茶

试泉

温杯

温杯

投茶

第五道：温润茶芽

采用回旋斟水法向杯中注水少许，以1/4杯为宜。温润的目的是浸润茶芽，使干茶吸水舒展，为下一步的冲泡做准备。

浸润

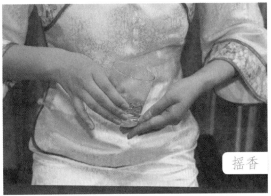

摇香

第六道：悬壶高冲

温润的茶芽已经散发出一缕清香，这时高提水壶，让水直泻而下，接着利用手腕的力量，上下提拉注水，反复三次，让茶叶在水中翻动。这一冲泡手法，雅称"凤凰三点头"，不仅能对茶叶进行充分冲泡，展示冲泡者的优美姿态，更是表达了对客人和茶的敬意。

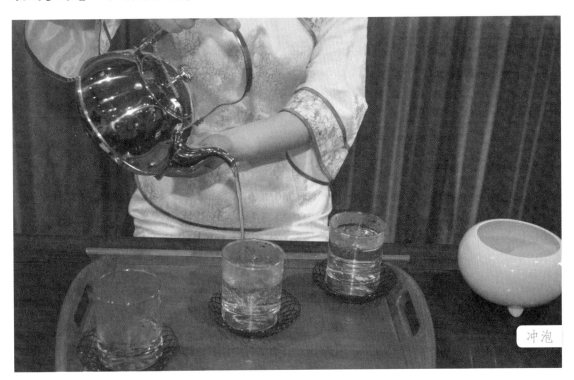

冲泡

奉茶

第七道：甘露敬宾

客来敬茶是中国的传统习俗，也是茶人所遵从的茶训。将自己精心泡制的清茶与新朋老友共赏，共同领略这大自然赐与的绿色精英，也正是茶人的快乐。

第八道：辨香识韵

龙井是茶中珍品，其色澄清碧绿；其形交错相映，上下沉浮；闻其香，则是香气清新醇厚；细品慢啜，更能体会齿颊留芳、甘泽润喉的感觉。

第九道：再悟茶语

绿茶大多冲泡三次，以第二泡的色香味最佳。因此，当客人杯中的茶水见少时，要及时为客人添注热水。龙井茶初品时会感清淡，需细细体会，慢慢领悟。

第十道：相约再见

鲁迅先生说过："有好茶喝，会喝好茶，是一种清福。"

第二节 红茶茶艺

——祁门红茶茶艺

祁门红茶产于安徽省祁门县山区，为世界三大著名红茶之一。该茶采制工艺精细，不用人工色素，外形整齐划一，味道浓郁强烈、醇和鲜爽，异于一般红茶，极有特色，曾多次荣获国际大奖。

器皿：

瓷质茶壶，青花或白瓷茶杯，白瓷赏茶盘或茶荷，茶巾，茶匙，茶盘，热水壶及酒精炉。

备具

第一道：温壶杯

将初沸之水注入瓷壶及杯中，为壶和杯升温。

第二道：拨茶

用茶匙将茶荷或赏茶盘中的红茶轻轻拨入壶中。

第三道：悬壶高冲

悬壶高冲是冲泡红茶的关键，100℃的水温正好适宜冲泡。高冲可以让茶叶在水的冲击下充分浸润，以利于红茶色、香、味的充分发挥。

冲泡

出汤

第四道：分杯

用循环斟茶法，将壶中之茶均匀地分入每一杯中，使杯中之茶的色、味一致。

分茶

奉茶

第五道：闻香

祁门红茶是世界公认的三大高香茶之一，其香浓郁高长，有"茶中英豪""群芳最"之誉，香气甜润中蕴藏一股兰花之香，可谓香中有味、味中有香。

第六道：观赏

祁门红茶的汤色红艳，外延有一道明显的"金圈"，茶汤的明亮度和颜色表明红茶的发酵程度和茶汤的鲜爽度。

第七道：品味

闻香观色后即可缓啜慢饮。祁门红茶味道鲜爽浓醇，回味绵长，与红碎茶浓强的刺激性口感有所不同。红茶通常可冲泡三次，三次的口感各不相同，细饮慢品，可体味茶之真味，得到茶之真趣。

第三节　乌龙茶茶艺

——安溪铁观音茶艺

铁观音因有"美如观音重似铁"之说，而得"铁观音"之名。优质安溪铁观音的特点是茶条卷曲、壮实、沉重，呈青蒂绿腹蜻蜓头状；色泽鲜润，砂绿显红点，叶表带白霜；汤色金黄，浓艳清澈；香气清冽，郁香持久；滋味浓郁，回味甘醇；叶底肥厚明亮，具绸面光泽，边缘呈朱红色，中间呈墨绿色，有"清蒂、绿腹、红镶边、三节色"之说。

器皿：

紫砂壶，紫砂茶杯，闻香杯，茶海，白瓷赏茶盘或茶荷，茶匙，电加热壶，茶巾。

备具

赏茶

第一道：赏茶——叶酬嘉客

将安溪铁观音置于白瓷赏茶盘中欣赏。

洗壶

第二道：烫壶——孟臣静心

向壶内注入沸水，可将壶提起，用茶巾托住壶底微微摇动，从而使壶内温度均匀。

温杯

第三道：温杯——高山流水

此步像高山流水一般，将烫壶时的壶中之水倒入茶杯，进行温杯。

投茶

第四道：投茶——乌龙入宫

用茶匙将赏茶盘中的茶投入壶中。

洗茶

刮沫

第五道：冲水——芳草回春

用回旋注水法将沸水注入壶中。

第六道：倒茶——分承玉露

将壶中冲泡的第一道茶汤均匀分倒入闻香杯中。

第七道：二冲水——悬壶高冲

再次向紫砂壶中冲入沸水，冲至溢。

第八道：刮沫——春风拂面

用紫砂壶盖刮去壶水面上的茶沫。

淋壶

洗杯

第九道：淋壶——涤尽凡尘

用沸水淋壶，以提高紫砂壶表面的温度。

第十道：养壶——内外养身

用第一泡倒在闻香杯中的茶汤沐淋壶身，使茶壶内外兼修，也可使观者得到美的享受。

第十一道：听泉——游山玩水

将品茗杯中第一次倒入的用以温杯的水倒出。在用左手握持毛巾，右手提起紫砂壶轻轻擦拭壶底的水痕。

第十二道：二泡——芳华殆尽

此步有两个重要的动作：一是"关公巡城"，二是"韩信点兵"。"关公巡城"是将二泡茶汤循环分别注入闻香杯中。"韩信点兵"是将壶里剩余的茶汤平均注入每个闻香杯中，让每一杯茶汤浓淡均匀。

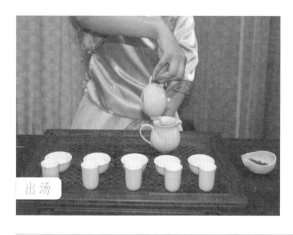
出汤

分茶

第十三道：请茶——功夫茶艺

此步有三个关键动作，分别是"乾坤倒转""高屋建瓴"和"物转星移"。"乾坤旋转"是指将品茗杯向下翻转。"高屋建瓴"是指将翻转的品茗杯扣在闻香杯上。"物转星移"是指将扣好的品茗杯和闻香杯一起翻转，变为闻香杯扣在品茗杯之上。

倒转乾坤

奉茶

闻香

第十四道：温香——空谷幽兰

将闻香杯拿起，用手掌来回搓动闻香杯闻香气。

第十五道：赏汤——鉴赏茶汤

用"三龙护鼎"的指法端起茶汤鉴赏，可见铁观音汤色金黄。

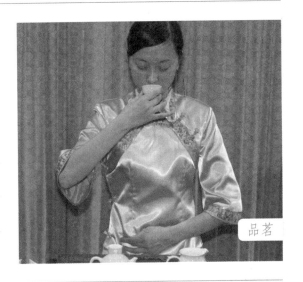

品茗

第十六道：品茶——供品佳茗

用"三龙护鼎"的指法端起品茗杯品饮茶汤，可品出铁观音入口回甘带蜜甜，香味馥郁持久，并带有淡淡兰花香。

除了这些传统茶艺形式，近年来由于各大中小学校课外技能学习的兴起，茶艺成为了广受学校和学生喜爱的学习内容。一方面在于中国茶文化的博大精深，学习的内容很丰富，各大产茶区都有独特的茶文化传统和历史知识可供课堂讲授，而非产茶区的饮茶习俗和传统也各有千秋，内容贴近生活和习惯，成为了孩子们快乐学习的源泉。另一方面，茶艺学习可以培养孩子们的动手能力和创造能力，从茶具的选择摆放、茶类的品鉴、茶席的设计到茶艺的展示，都是每一个参与到其中的孩子们自己体验、自主学习的过程。

中国茶叶博物馆一直致力于茶文化传播和社会教育的结合，自从2008年杭州开始启动青少年教育的"第二课堂"计划以来，中国茶叶博物馆年均对10万人

次的中小学生开展了茶文化宣教和茶艺演示的活动内容，将茶艺学习带进校园，受到家长、教师及学生们的欢迎。博物馆开展了一系列旨在培养青少年茶艺的特色活动，如每年度的"中国茶人之家""小小茶艺师"等，都受到了社会各界的好评。

中国茶叶博物馆开展的"小小茶艺师"夏令营

第五章 茶与健康

根据历史传说，茶的健康功效由来已久。早在神农时代，茶就被作为解毒的药草，说明在当时，或者说茶早期的利用阶段，人们对茶的认识是偏向于药用价值的。《神农本草》中就记载了："神农尝百草，日遇七十二毒，得茶而解之。"人们长期的饮茶实践充分证明，饮茶不仅能增进营养，而且能预防疾病，更具有良好的延年益寿、强身健体的作用。在中国古代，茶常常被当作药物使用，在中国传统医药学中，茶作为单方或复方入药是十分常见的。

首先，在古代缺乏可靠水源的时代条件下，把水煮开进行泡茶显然可以降低饮用生水所带来的致病隐患。就算到了现在，在某些无法保证饮用水安全的地区，喝烧开过的水也远比直接饮用生水要安全得多。

西湖龙井　九曲红梅　凤凰单丛　安化黑茶

不同茶类茶汤

其次，茶叶本身富含多种对人体有益的物质。比如，绿茶富含茶多酚、氨基酸、咖啡碱、维生素C等，具有抗氧化、抗辐射、抗癌、降血糖、降血压、降血脂、抗病毒、消臭等保健作用。而红茶在各类茶中具有最高的氟含量，可以帮助防治龋齿效果。红茶中的聚合物也具有很强的抗氧化性，具有抗癌、抗心血管病等非凡作用。

乌龙茶属于半发酵茶，加工工艺特殊，介于绿茶与红茶之间，被认为具有防蛀牙、防癌、延缓衰老等作用。白茶是发酵程度最低的茶，多数属于萎凋和风干形成。在中医药性上，白茶是比较偏凉的，所以具有防暑、解毒和治牙痛等作用。黑茶属于后发酵茶，有消滞、开胃、去腻、减肥等作用，并且在降脂、降胆固醇、抗癌等方面的功效要优于其他茶类。

随着现代人们生活水平的不断提高，以及生活节奏加快所带来的亚健康问题，茶所能带给人们的健康雅致生活越来越受到人们的欢迎，茶也越来越成为大众生活中不可或缺的健康饮品。茶的保健养生功效和其中丰富的文化内涵是人们喜爱饮茶的基本理由，如何科学、健康地饮茶，也成为了众多饮茶爱好者关心的话题。

中医将食物分为热性、凉性和温性，六大基本茶类因为制作工序的不同，也被划到不同的类别里。饮茶四季有别，春饮花茶，夏饮绿茶，秋饮青茶，冬饮红茶。其道理在于：春季，人饮花茶，可以散发一冬积存在人体内的寒邪，浓郁的花香能促进人体阳气发生。夏季，以饮绿茶为佳，因为绿茶性味苦寒，可以清热、消暑、解毒、止渴、强心。秋季，饮青茶为好，因为此茶不寒不热，能消除体内的余热，恢复津液。冬季，饮红茶最为理想，因为红茶味甘性温，含有丰富的蛋白质，能助消化，补身体，使人体强壮。

随着科学技术发展，茶中蕴含的营养成分和药效成分不断被开发利用。琳琅满目的茶叶深加工产品，有袋泡茶、速溶茶、低咖啡因茶、茶饮料等，还有茶内含物的提取物，如茶多酚、茶氨酸、生物碱、茶皂素、茶多糖等，广泛应用在保健、医疗、化工等领域。除此之外，茶叶还有许多其他的妙用。

制作茶叶枕。用过的茶叶不要废弃，摊在木板上晒干，积累下来，可以用作枕头芯。据说，因茶性属凉，故茶叶枕可以清神醒脑，增进思维能力。

茶叶枕

驱蚊。将用过的茶叶晒干，在夏季的黄昏点燃，可以驱除蚊虫，和蚊香的效果相同，而且对人体绝对无害。

驱蚊

第六章　茶的用处真不少

帮助花草发育与繁殖。冲泡过的茶叶仍有无机盐、碳水化合物等养分，堆掩在花圃或花盆里，能帮助花草的发育与繁殖。

杀菌治脚气。茶叶里含有多量的单宁酸，具有强烈的杀菌作用，尤其对致脚气的丝状菌特别有效。所以，患脚气的人每晚将茶叶煮成浓汁来洗脚，日久便会不治而愈。不过煮茶洗脚，要持之以恒，短时间内不会有显著的效果。而且最好用绿茶，经过发酵的红茶其单宁酸的含量就少得多了。

消除口臭。茶有强烈的收敛作用，时常将茶叶含在嘴里，便可消除口臭。常用浓茶漱口，也有同样功效。如果不擅饮茶，可将茶叶泡过之后，再含在嘴里，可减少苦涩的滋味，也有一定的效果。

消除口臭

护发。茶水可以去垢涤腻，所以洗过头发之后，再用茶水洗涤，可以使头发乌黑柔软，富有光泽。而且茶水不含化学剂，不会伤到头发和皮肤。

洗涤丝质衣物。丝质品的衣服最怕化学清洁剂，如果用泡过的茶叶煮水来洗涤，便能保持衣物原来的色泽而光亮如新。用茶叶水洗尼龙纤维的衣服，也有同样的效果。

煮牛肉时除了放入各种调味品，还可以再加一小布袋普通茶叶，同牛肉一起烧，不但牛肉熟得快，而且味道清香。

把晒干的废茶叶装在尼龙袜子内，然后塞进有臭味的鞋子内，能吸收鞋内水气，去除臭味。

除冰箱异味

用50克花茶装入纱布袋中放入冰箱，可除去异味。一个月后，将茶叶取出放在阳光下暴晒，再装入纱布袋，可反复用多次，除异味效果好。

第三篇 缤纷茶俗 一

茶俗是民间风俗的一种，是不同地区传统文化的积淀，有较明显的地域特征和民族特征。茶俗以茶事活动为中心贯穿于社会生活之中，并且在传统的基础上不断演变，成为文化生活的一部分，内容丰富，各具风采。

第一章 各具特色的民族茶

"千里不同风，百里不同俗。"我国地域辽阔，民族众多，由于各兄弟民族所处的地理环境不同，历史文化有别，生活习惯各异，因此，饮茶的习俗也千差万别，各具特色。在此基础上形成的民族茶文化生动多元、绚丽多彩，不仅是中华茶文化的重要组成部分，也是中华民族宝贵的精神财富和文化遗产。

西藏大昭寺内文成公主金像

第一节　藏族酥油茶

古老神秘的藏族是中国55个少数民族之一，主要聚居于青藏高原，在四川、甘肃、云南等省也有分布。为了适应高寒、缺氧、干旱的高原气候，藏族同胞形成了独特的生活方式和饮食习惯，他们多以放牧和种植旱地作物为生，常年以奶、肉、糌粑为主食，蔬菜、瓜果较少。为了化解乳肉的油腻，平和青稞的燥热，补充日常缺乏的维生素等，藏民养成了以茶佐食的习惯，茶成了藏民的生活必需品，甚至有着"宁可三日无粮，不可一日无茶"之说。

藏族饮茶主要有酥油茶、奶茶、盐茶、清茶等几种形式，其中酥油茶是喝得最多最普遍的一种。据说这酥油茶的创制还和文成公主有关。传说公主初入吐蕃，不习惯青稞奶酪，日不离茶。有一天，她煮好茶后突发奇想，尝试着把吐蕃常见的酥油、奶汁和茶混合在一起，并命人不断用力搅拌，结果发现茶和酥油、奶汁竟然融合了，制得的酥油茶奶香馥郁、咸爽可口、滑而不腻，喝了以后，既可暖身御寒，又能补充营养，所以很快就在藏族百姓间推广流行开来。为了感谢公主的创举，人们还编了一首歌："酥油本产吐蕃，大唐驮来茶叶，茶乳交融酥油茶，赞普与公主有缘。"

藏族饮酥油茶（引自《中国——茶的故乡》）

藏族饮茶习俗（引自《中国——茶的故乡》）

今天，酥油茶仍是藏乡群众日常生活所必需的一种饮料，也是藏族人民待客、礼仪、祭祀等活动不可或缺的用品，其制作方法也一脉相承，保留着原汁原味。茶是边销的砖茶，用铜锅熬成浓浓的茶汁，酥油是从新鲜牛羊奶里提炼的脂肪，盐多是藏区特产的盐湖盐，把这三者依次加入木制的酥油茶桶（藏语中叫"甲董"）中，然后手握木棍（藏语中叫"甲罗"）用力上下抽打，直到茶乳交融，然后倒进锅里加热，一碗喷香可口的酥油茶就制作好了。

都说不喝酥油茶，就不算到过西藏。其实，喝酥油茶还有一套规矩呢。来到藏家做客，好客的主人通常都会在客人面前摆上一只木碗（或瓷碗），然后提起酥油茶壶轻轻摇晃几下，使茶油匀称，再给斟上满满一碗酥油茶。一般倒茶时，壶底不能高过桌面，以示对客人的尊重。刚倒下的酥油茶，客人不能马上喝，而是要先和主人聊天，当主人再次提过酥油茶壶站到客人面前时，客人才端起碗来，先在酥油碗里轻轻地吹一圈，将浮在茶上的油花吹开，然后呷上一口，并赞美道："这酥油茶打得真好，油和茶分都分不开。"饮茶不能太急太快，不能一饮到底，通常喝一半，留一半左右，等主人添上再喝。就这样，边喝边添，一般以喝三碗为吉利。热情的主人总会将客人的茶碗添满，如果你不想再喝，就不要动它，当准备告辞时，可以连着多喝几口，但不能喝干，碗里要留点茶底，才符合藏族的习惯和礼貌。

由于藏族喝茶有着比其他民族更重要的作用，所以，不论男女老少，达到人人皆饮的程度，每天喝茶最多的可达20碗左右。很多人家把茶壶放在炉上，终日熬煮，一些喇嘛寺庙也常备特大的茶锅煮茶施茶，正因如此，常年来西藏的年人均茶叶消费量一直位居全国前列。

云南拉祜族烤茶

第二节　白族三道茶

　　白族散居在我国西南地区，主要分布在云南省大理白族自治州。大理自古产茶，早在先秦时期，哀牢山、苍山等地就有茶叶出产，所以白族人饮茶的习俗由来已久。

　　走进传统的白族人家，扑鼻而来的是烤茶的香味。与云南地区的其他少数民族（如彝族、佤族、哈尼族、拉祜族等）类似，烤茶是白族百姓日常生活中最为流行的饮茶方式。其制作方法是先将特制的小陶罐放在火塘上烤热，然后放上一把茶叶（茶鲜叶或经初制的毛茶），边烤边抖，使茶叶受热均匀，待到叶色焦黄、茶香四溢时，冲入少许沸水，这时，罐内泡沫沸涌，同时发出雷鸣似的响声，白族人认为这是吉祥的象征，所以此茶也叫"响雷茶"。等到泡沫散去，再加入些开水，即可饮用。响雷茶茶汁苦涩，但回味无穷，在祛湿降暑、消食解腻方面有独特的疗效。

云南白族三道茶

如遇逢年过节、生辰寿诞、男婚女嫁、贵客临门等喜庆场合，白族人会以更加隆重的茶礼来款待宾客，这便是著名的"白族三道茶"。

三道茶，也称三般茶，白语中叫"绍道兆"，它是在传统白族烤茶的基础上加以创新和规范，融入了生活哲理和美好祝愿的一种饮茶礼俗，以独特的"一苦、二甜、三回味"所为人津津乐道。

第一道"苦茶"。苦茶的制备方法与前述响雷茶的制备方法一致，只是饮用的方式大有讲究。小陶罐中备得的茶汁需倾倒入一种名为牛眼睛盅的小茶杯里，敬献给宾客。由于白族人认为"酒满敬人，茶满欺人"，所以此时斟茶只斟半杯。当主人用双手把苦茶敬献给客人时，客人也必须双手接茶，并一饮而尽。这头道茶经过烘烤、煮沸，茶汤色如琥珀，焦香扑鼻，但滋味苦涩，故而谓之苦茶。它寓意"要想立业,必先吃苦"。

第二道"甜茶"。当客人喝完第一道茶后,主人会在小陶罐中重新烤茶置水(也有用留在陶罐中的第一道茶重新加水煮的)。与此同时,把喝茶用的牛眼睛盅换成小碗或普通茶杯,并在杯中放入红糖和核桃仁,冲茶至八分满后,敬于客人。这道茶香甜爽口,浓淡适中,寓意"人生在世,无论做什么,都只有吃得了苦,才会有甜"。

云南白族三道茶

第三道"回味茶"。其煮茶方法与前两次相同,只是茶碗中放的原料已换成适量蜂蜜,若干粒花椒,少许炒米花或一些烤黄的乳扇(用牛奶做的特色食品),茶容量通常为六七分满。饮第三道茶时,一般是一边晃动茶盅,使茶汤和佐料均匀混合,一边口中"呼呼"作响,趁热饮下。这杯茶,喝起来甜、酸、苦、辣,各味俱全,回味无穷。

它告诫人们,凡事要多"回味",切记"先苦后甜"的哲理。

白族的三道茶最初只是长辈对晚辈求学、学艺、经商以及新女婿上门时的一种礼俗,所以一般由家中或族中最有威望的长辈亲自司茶。今天,随着社会的发展和生活的提高,白族三道茶的形式和用料已有所改变,但"一苦、二甜、三回味"的基本特点依然如故,而且与白族歌舞、曲艺有机地结合,成为独特的表演形式,成了大理地区旅游的保留节目。

第三节　土家族擂茶

　　土家族是一个历史悠久的少数民族，他们世代居住在湘、鄂、渝、黔交界的武陵山区一带，这里古木参天，景色宜人，陶渊明笔下著名的桃花源原型就位于此处。千百年来，独特的历史文化背景以及相对闭塞的信息交通条件，使得土家族人至今还保留着一种古老而奇特的饮茶方式，那便是擂茶。

　　擂茶又名"三生汤"，因其主要用生叶（茶树鲜叶）、生姜、生米三种生原料加水烹煮而成，故而得名。它还有一个名字叫五味汤。据《桃源县志》记载："擂茶合茶、姜、芝麻、盐、茱萸，以阴阳水和饮之，一名五味汤，相传马援制以避瘟。"马援，即东汉伏波将军马援。相传东汉初年，他曾奉命出征武陵，途径乌头村，时值盛夏，酷热难熬，加之瘴气漫起，瘟疫流行，将士病倒大半，马将军自己也染病卧床不起。他只得下令军队驻扎山边，一面派人寻医求药，一面派将士帮助百姓耕种。村中有位老妈妈见马家军兵行有纪，鸡犬不惊，很受感动，便献出祖传秘方，研制成擂茶让将士们每日服用。不几天，染病的将士个个康复，瘟疫再也没

中国茶叶博物馆茶艺队擂茶表演

中国茶叶博物馆茶艺队擂茶表演器具

有蔓延。从此，擂茶的名声大振，广为流传。

　　制作擂茶最重要的工具就是擂钵和擂棍。前者是一种口大底小，呈倒圆台状，内壁布满辐射状沟纹的特制陶钵。后者是一根约50厘米长，手腕粗细，下端刨圆的木棍，选料多用油茶木或山楂木，木制坚硬又无杂味。擂茶的料甚为丰富，主要有经氽烫的鲜茶叶、生姜、生米、花生米、芝麻等，还可根据口味、时令加入盐（或糖）、胡椒、陈皮、甘草、黄豆、绿豆、薄荷、茴香等，共同置于擂钵内。擂制时，擂茶者一般是坐着操作，双腿夹住擂钵，手握擂棍，用力春捣、旋转，把钵中的材料捣碾成泥，越细越好，这制得的便是擂茶"脚子"。然后，向钵中冲入沸水，撒上些碎葱或米花，便可分舀到茶碗中享用了。

　　通常，土家族人用擂茶招待客人时，还会准备一些配菜（相当于茶点），当地人称为"压桌"，又称"搭菜"，一般少则七八种，多则三四十种，诸如炸蚕豆、炸锅粑、炸鱼片、豆豉、米泡、苞谷、荞饼、蒿叶粑粑之类，用以配茶，别有风味。人们边喝擂茶，边吃"搭菜"，谈笑风声，饶有兴趣，就像当地民谣唱的："走东家，跑西家，喝擂茶，打哈哈，来来往往结亲家。"

　　其实不仅仅是土家族，位于华南地区的客家人和畲族人也有类似的喝擂茶的习俗。不少学者认为，擂茶是我国早期茶叶"生煮羹饮"方式的一种传承与发展，除了美味可口、保健养生外，还有着重要的史学研究价值。

第四节　侗族打油茶

"有空到我家吃油茶哦！"这估计是居住在黔、湘、桂、鄂四省（区）交界处的侗家人见面最常说的一句话了。说起这油茶，那可是侗家人的宝贝，也是他们用以待客的佳品，有着侗族"第二主食"之称。

侗族打油茶

打油茶（即制作油茶），这是侗族妇女几乎人人都会的活计，一口锅、一把铲、一支竹漏勺，这便可以开"打"了。在烧热的锅中倒上点自家产的山茶油，然后放上一把粘米，炒至焦黄，再放上一把茶叶，一边翻炒，一边轻轻捶打，锤炒至茶叶沾锅且有香气溢出时，加入适量的水，边煮边搅拌，煮沸两三分钟后，撒上盐巴，将茶汤滤出，分装到茶碗里，这样做好的只是半成品，称为"油茶水"。接下来，要趁热在油茶水中加入事先准备好的米花、油果、葱花、姜丝、花生、黄豆、芝麻等佐料，再配上猪肝、粉肠、汤圆、瘦肉、虾米、酸鱼等配菜，这样才算是一碗色香味俱佳、用料十足、风味地道的侗家油茶，端碗吃上一口，既有茶叶的清苦，又有配料的甘醇鲜香，令人回味无穷。一般，打完第一锅后的茶还能再接着煮，可连续打四五锅，其中以第三锅茶味道最好，所以侗家有句顺口溜："一锅苦、二锅呷（涩）、三锅四锅是好茶。"

在侗家吃油茶，也是很有讲究的。人们通常都是围着火炉或桌子而坐，由这家的主妇亲自动手煮茶。第一碗油茶一般是端给座上的长辈或贵宾，以表示敬意。然后依次端送给客人和家里人。每人接到油茶后，不能立刻就吃，而要把碗放在自己的面前，等主人说声"记协，记协"（意为请用茶），大家才可端碗。在侗家，吃油茶一般只用一根筷子，因为侗家人认为正餐才用两根筷子，而油茶不算正餐。吃完第一碗后，只需把碗交给主妇，她就会按照客人的坐序依次把碗摆在桌上或灶边，再次盛上茶水和配料。每次打油茶，每人至少要吃三碗，这叫"三碗不见外"。吃了三碗后，如果不想再吃，就只需把那根筷子架在自己的碗上，作为不吃的标记，不然，主妇就会不断地盛油茶，让客人享用。

侗族打油茶

吃油茶可以充饥健身、祛邪去湿、开胃生津，还能预防感冒。传说，乾隆皇帝喝后称之为"爽神汤"，所以在侗族，不分早晚每天都要打上个几锅。侗族老人如果喝不上油茶，他的儿孙会被人责怪说不孝。侗乡人出门在外，最惦记的也是这一口香浓的油茶。与侗族人民杂居一起的苗族、瑶族、壮族等，受这种习俗的影响，也有吃油茶的习俗，其制作方法大体相同，只是在作料和配菜的选择上有些差异。

第五节　傣族竹筒茶

　　傣族主要居住在我国云南省的南部和西南部地区，以西双版纳最为集中，这是一个能歌善舞而又热情好客的民族。每当有客自远方来，孔雀舞、象脚鼓自不必说，更有那一杯杯清香四溢的竹筒茶让人回味无穷。

傣族竹筒茶茶艺表演

　　自古以来，竹子这一常见的南方植物，在傣族人心目中有着举足轻重的地位。在傣家，大到房屋院落，小到桌椅碗筷，无一不是用竹子做成的，用竹子来加工吃食，也是傣家人的一大特色。竹筒茶，又叫"竹筒香茶"，傣语称为"腊跺"，是傣家别具风味的一种茶饮。其制作方法颇费心思，大体可分为两种形式。形式一，采摘细嫩的一芽二三叶的茶青，经铁锅炒制、揉捻、晒干后，装入刚刚砍回的生长期为一年左右的嫩香竹（又名甜竹、金竹）筒中，再将装有茶叶的竹筒放在火塘架上烘烤，约6-7分钟后，竹子的汁液便会烤出，渗入干茶，使茶叶软化。这时，用一细木棍（多用橄榄枝）将竹筒内的茶压紧，然后再填干茶，继续烘烤，如此反复压、填、烤，直至竹筒的汁液烤干，筒内的茶叶填满为止，这样制得的竹筒茶既有茶叶的醇厚滋味，又有竹子的浓郁清香。形式二则更为复杂，需事先将晒青毛茶放入底层装有糯米的小饭甑内蒸软后，再填进竹筒内，边压边烤，直到完全干燥。这样制得的竹筒茶，既有茶香，又有竹香和米香，三香齐备，别具一格。

竹筒茶

制好的竹筒茶，可以一直用竹筒装着，待饮用时才破开，也可以用牛皮纸包裹好，存放于干燥处，其品质经久不变。对于傣家人来说，这竹筒茶既是逢年过节、走亲访友的上佳礼品，也是招待宾客、忙里偷闲的家中必备。在傣家寨子里，常常可以看到上了年纪的傣族阿爸们在竹楼平台上支上个圆竹桌，三五成群地团团围坐，主人家利落地掰下些许竹筒茶，冲上开水，过个三五分钟，便可一边就着茶香竹香，一边侃侃而谈了。

第六节　苗族虫屎茶

一说到"屎"这个字眼，人们脑中的第一反应便是臭、恶心，对待它的态度通常是捏鼻、屏气，远远躲开。然而，大千世界，无奇不有，在我国的少数民族中，却有人把屎视若珍宝，不但千方百计收集，还拿来泡茶饮用，这就是神奇而独特的苗族虫屎茶。

苗族虫屎茶

所谓虫屎茶，顾名思义就是用虫的屎粒泡制而成的茶，又被称为"虫茶""米虫茶""茶精"等，是苗族著名的土特产之一。关于此茶的来历，流传着这样两种说法。传说一，从前有一位山民，因为贫穷而喝不起茶叶，就采来香树叶代替茶叶饮用，但因保存不当，引得一种黑色的虫子在其存储的树叶上产卵繁殖。然而，大意的山民并没有在意树叶已经生虫，仍然用来熬茶喝，结果茶水沸腾时，香气四溢，口味甚佳。山民大喜，经过反复探索和实践，最终发明了虫屎茶。传说二，相传清代苗民因不堪忍受封建统治而起义，后因朝廷派兵镇压，被逼逃入山林。他们靠采摘野菜、野果和茶叶等充饥，尤其是灌木丛中的苦茶鲜叶，虽始食时有些苦涩，但食用后回味甘甜，于是大量采摘，并用箩筐和木桶等储存起来。不料几个月后，苦茶叶被一种浑身乌黑的虫子吃光了，箩筐和木桶中只剩下一些呈黑褐色、似油菜籽般细小的渣滓和虫屎，饿极了的人们被逼无奈，只得将残渣和虫屎都放进竹筒中泡着喝，只见顷刻间浸泡出的褐红色茶汁竟清香甜美，欣喜之下饮之，分外舒适可口。从此，当地的苗族同胞们便刻意将苦茶枝叶喂虫，再用虫屎制成虫茶，成为当地苗寨的一大特色。

米缟螟，又名米黑虫

现在，湖南省城步县一带的苗族人依旧在制作虫茶。每年的谷雨前后，村民们上山采集当地野生苦茶叶（学名为三叶海棠）鲜叶，然后稍加蒸煮去除涩味后，晒至八成干，再堆放在木桶或袋子里，隔层均匀地浇上淘米水，再加盖并保持湿润。叶子逐渐自然发酵、腐熟，散发出扑鼻的清香气息。这时候，一种学名为米缟螟的小虫子便在这种香味的引诱下蜂拥而来，并在此产卵。大概10多天后，幼虫便破卵而出，布满了叶面，一边蚕食腐熟清香的叶子，一边排泄"金粒儿"。人们便收集这些"金粒儿"，晒干过筛，就得到粒细圆、色黑亮的虫茶。更讲究些的话，把这些虫茶在阳光暴晒后，在铁锅里经180℃高温炒上20分钟，再加上蜂蜜、茶叶，才算完成。饮用虫茶时，要先在杯中倒入开水，后放入虫茶，等虫茶粒先漂浮在水面，然后缓缓下沉到杯底并开始溶化时，才可以饮用。

虫茶具有一定的保健功效，李时珍的《本草纲目》中就提到，"此装茶笼内，蛀虫也，取其屎用"。现代科学研究也表明，虫茶具有清热、去暑、解毒、健胃、助消化等功效，已经成为一种特种的保健茶饮品。

第七节　回族盖碗茶

回族是中国境内分布最广的少数民族，但是，无论西北还是西南，无论城市还是乡村，只要来到回族人民家中做客，热情的主人都会首先端上一碗热腾腾的茶水招待。回族人嗜茶，饮茶方式因地而异，罐罐茶、烤茶、奶茶、香茶、麦茶等都有涉及，但最具代表性的还要数盖碗茶。

与汉族的盖碗茶不同，回族的盖碗茶选料相当丰富，除了常见的茶叶外，还要加入各种各样的配料，如加入冰糖、桂圆肉、红枣、枸杞、芝麻、果干、葡萄干等，这就组成了誉满中外的"八宝茶"；绿茶、山楂、芝麻、白糖、姜片，此谓"五味茶"；陕青茶、白糖、柿饼、白葡萄干构成"白四品"；红茶、红糖、红枣、

晚清紫藤纹三托盖碗

枸杞配成"红四品"。另外，还有三香茶（糖、茶、枣）、红糖砖茶、白糖清茶、冰糖茶等。回族同胞会根据个人喜好、气候时令等，加以选择配制。如此精心搭配的盖碗茶，不仅味甘形美、营养丰富，还具有多种保健功效。

当然，盖碗茶除了茶品之外，这泡茶的工具——盖碗也是大有讲究的。盖碗，又叫"三才碗""三炮台"，由茶盖、茶碗、茶托三部分组成，是中国传统茶具之一，其起源最早可追溯至唐代。相传，唐时西川节度使崔宁非常好客，家中经常宾客盈门。客来当然要敬茶，但是由于刚煮好的茶水很烫，端茶的侍女常常被烫得左手换右手，茶汤也洒了不少。崔宁的女儿见了，就想到了一个法子。她用蜡在一个小碟子里固定成一个圈，然后把茶碗放在圈里，碗就稳稳当当，不会左右移动了，然后用手托着碟子给客人上茶，既不烫手，茶汤也不会洒出。这便是茶盏托的雏形。到了明清时期，人们在茶盏托的基础上又配上了盏盖，这就形成了今天的盖碗。

回族同胞家的盖碗也颇具民族特色，一般碗身都会绘有山水花草图案，或者书写有"清真"之类的阿拉伯文，忌绘人物和动物图象。使用时，也有一套规矩。一般来说，喝盖碗茶时，不能拿掉上面的盖子，也不能用嘴吹漂在上面的茶叶，而是应该左手端茶托，右手拿碗盖，先轻轻地在碗口"刮"几下，将浮在茶碗表面的茶叶、芝麻刮向一边，然后将碗盖斜盖在茶碗上，留出"饮口"，最后用嘴轻饮轻啜。那种用双手抱碗猛吸猛喝，或发出响声的，一律会被视为无教养的举动。

在回族，人们把喝盖碗茶亲切地称之为"刮碗子"，由于禁酒，所以喝茶——"刮碗子"是生活中相当重要的一件事，无论礼拜间隙还是餐前饭后，无论一人闲坐还是亲友叙谈，一天不刮上几碗，总觉得浑身不得劲。揭盖飘香，那醇香、甘甜的滋味，直沁入心底。

第二章 多姿多彩的世界茶

茶，被公认为世界性的饮料之一。目前，全世界有60多个国家种茶，约30亿人口饮茶。追根溯源，世界各地最初所饮用的茶叶、引种的茶种、饮茶方法、栽培技术、加工工艺以及茶事礼俗等，均直接或间接地来自中国。作为古老的东方文明的一个象征，中国茶及茶文化也影响和推动了世界各国茶文化的兴起和发展。茶叶之路，亦是中国文化的传播之路。

第一节 华茶远播

1866年5月30日，两艘英国商船从中国福州港出发，满载着头一批上市的茶叶，一路向西航行而去。这种被称为"飞剪船"的商船，有着标志性的空心船首和优美水线，在大海上以惊人的航速前行。而这一次的航行意义非凡，两艘船都参加了中国至英国的海上茶叶运输竞赛，谁第一个抵达英国伦敦，将会得到丰厚的奖金。

19世纪中叶，东西方之间的贸易大幅增长，而西方对中国奢侈品如茶叶、丝绸等商品的需求也与日俱增。尤其是茶叶这种季节性的商品，第一个到岸销售意味着巨大的利润和市场。而飞剪船就是在这种背景下应运而生。那么，飞剪船这个名字是怎么来的呢？原来在飞剪船发明之前，从中国航行到英国需要大概6个月左右的时间，而飞剪船则把航行时间缩短到3个月，就像剪刀裁纸一样把航程缩短了一半，这就是飞剪船名字的由来。

1866年的海上竞赛在英国引起了轰动。两艘飞剪船，历时三个月，跨过中国南海，穿越巽他海峡和印度洋，绕过非洲好望角，航行大西洋抵达英吉利海峡。这是当时帆船所走的最快的航线，而此时苏伊士运河依然在建造之中。9月12日，伦敦的每日电讯报以"1866年的伟大茶叶竞速赛"为标题报导此次比赛的结果。两艘船齐头并进，在同一时刻抵达伦敦港口，同时开始了在泰晤士河上的牵引作业，最后"太平"号商船仅以不到20分钟的时间优势取得了胜利，并且获得了每吨茶叶10先令的额外奖金，据记载当时"太平"号上装有767吨茶叶。这就是当时海上茶叶贸易的盛况。

事实上，中国茶叶的对外输出从公元10世纪就已经开始。现有研究表明，茶叶在10至12世纪时，已经由中国传至吐蕃，并传到高昌、于阗和七河地区。进入13世纪，蒙古兴起后，中西陆海交通打开，茶进一步在中亚和西亚传播。10至12世纪茶叶传往吐蕃，并传到高昌、于阗和七河地区。16世纪之后，茶叶开始传往俄罗斯。17至19世纪，中俄之间展开频繁的茶叶贸易，由此开创"草原茶叶之路"。当时茶叶的贸易路线由福建武夷山起，途经崇安、铅山、信江、鄱阳湖、九江、汉口、洛阳，渡过黄河，抵达俄罗斯境内，最终运送到莫斯科和圣彼得堡。

还有一条路线就是我们所熟知的茶马古道。茶马古道源于古代西南边疆和西北边疆的茶马互市，兴于唐宋，盛于明清，二战中后期最为兴盛。茶马古道的分布范围主要在四川、陕西、甘肃、青海、西藏地区和云南，可分为川藏、滇藏、青藏三条线路，连接川滇藏，延伸入不丹、尼泊尔、印度境内，直到西亚、西非红海海岸。

而海上茶叶之路，是指茶叶经由海路传输到世界各地所形成的路线。茶叶与丝绸、瓷器等均为中国海上贸易的重要物品，最早的海上茶叶之路，与中国海上贸易有密不可分的关系。大约从8世纪之后，茶叶经由东海航线向东传往朝鲜和日本；13世纪之后，茶叶首先销往东南亚地区和国家；17世纪之后，航海技术的发展促使东西方贸易往来频繁，茶叶也经由南海航线传往更遥远的欧洲、美洲、非洲等地。海上茶叶之路可分为两条航线，其中东海航线主要是通往朝鲜和日本，而南海航线则通往东南亚以及欧美各国。

1780 年前后中国广东珠江流域的外国商馆

第二节　茶叶大盗

罗伯特·福琼是一名英国植物学家。对于我们中国人来说，这是一个十分陌生的名字，在英国却是一位家喻户晓的人物，他从中国引种了秋牡丹、桔梗、杜鹃等花卉品种，是英国人花园里最受欢迎的植物。他还有一个鲜为人知的绰号，那就是"茶叶大盗"。那么，这位植物学家又是怎么和茶叶联系在一起的呢？

这要从他所接受的一项特殊使命说起。19世纪开始，嗜茶如命的英国为了摆脱对中国的依赖，想方设法地在其殖民地印度发展茶叶种植业。1848年，福琼收到了一封英国东印度总督寄来的委任信，要他前往遥远的中国，竭尽所能地去寻找最好的茶树和茶籽，并将其带到印度。

福琼《两访中国茶乡》插画

这可不是一件轻松的工作。为了保护茶叶的秘密，清政府严格规定了外国人不得进入茶叶产区。一旦被发现，福琼肯定是必死无疑了。但是，他还是毫不犹豫地接受了这份工作。可以这样说，他是植物学家中最爱冒险的，也是冒险家中最懂植物的。为了不被当地人识破，他换上了中式的服装，剃光了头发，再戴上了一条假辫子，假扮成了一名满清官员，这让从未见过西方人

《两访中国茶乡》中译本

的内地农民摸不着头脑。于是，福琼瞒天过海般地开始了他的中国茶区之旅。

深入中国内地，穿过山川峡谷，展现在他面前的是一片片绿油油的茶树。他每天早早地起来观察茶树，他这样写道："茶的种子是多么地眷恋着这片土地，每一片茶叶的背后都蕴含了几千年的历史。"他记录了茶区的气候、土壤和环境，采集了大量的茶树和种子，运往了印度。

可是，几个月后，从印度方面传来了消息，这一批茶树和种子在运输途中腐烂了。于是，他想到了用沃德箱再次发货，最后成功地将两万多株茶树苗运送到了印度。那么，什么是沃德箱呢？它其实是一个可移动的小型温室，底部为陶瓷，整体用玻璃罩密封，植物在里面可以得到生存所必需的环境。而幼嫩的茶苗就这样漂洋过海，抵达了印度。

福琼为19世纪的大英帝国带去了不可估量的财富，他本人也因为从中国偷运大量的茶树而被世人称为茶叶大盗。但是从另一方面来说，福琼从客观上也推动了茶叶在世界范围内的传播。如今，在喜马拉雅山区的坡地上，在东非大裂谷两侧的高原上，在格鲁吉亚的黑海沿岸，源自中国的茶树苗壮茂盛地生长着。茶在英国人的茶杯里氤氲生香，在俄国人的茶炊里嘶嘶作响，在中国人的盖碗里包罗万象，它是大自然对于人类的无私馈赠，也是中华文明对世界作出的伟大贡献。

第三节　韩国饮茶面面观

按地理习惯划分，亚洲可分为东亚、东南亚、南亚、西亚、中亚和北亚。围绕茶树原产地，以中国为核心的东北亚国家，如日本、韩国、朝鲜及蒙古等，与中国文化交流密切，饮茶甚为普遍。

在南北朝和隋唐时期，百济、新罗与我国的往来比较频繁，经济和文化的交流关系也比较密切。特别是新罗，在唐朝有通使往来120次以上，是与唐通使来往最多的邻国之一。新罗人在唐朝主要学习佛典、佛法，研究唐代的典章，有的人还在唐朝做官，在学习佛法的时候将茶文化带到了新罗。

韩国茶礼开拓者草衣禅师

公元828年，新罗使节金大廉将茶籽带回国内，种于智异山下的双溪寺庙周围，朝鲜的种茶历史由此开始。朝鲜《三国本纪》卷十《新罗本纪》兴德王三年云："入唐回使大廉，持茶种子来，王使植智异山。茶自善德王时有之，至于此盛焉。"

韩国茶文化中最具特色的是茶礼。茶礼是供神、佛、人的一种礼仪活动。新罗时代，茶最早通过僧侣往来传入朝鲜半岛，基于王室及国家在重要行事中均以茶为礼，品茶逐渐从士大夫阶层普及到平民百姓。高丽时代，茶礼正式成为国家的重要礼仪之一，并传承至今，其基本精神为和、敬、俭、真。和，即善良之心地。敬，即彼此间敬重、礼遇。俭，即生活俭朴、清廉。真，即心意、心地真诚，人与人之间以诚相待。通过茶礼，形成人与人之间真诚相待、以礼相敬的和

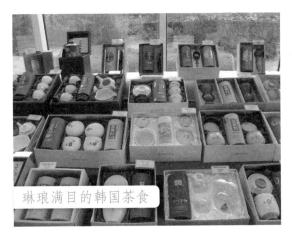

琳琅满目的韩国茶食

济州岛茶园

谐关系，是韩国茶文化的真意。

韩国茶礼种类繁多，各具特色，有叶茶法、高丽五行茶礼、成人茶礼、接宾茶礼、佛门茶礼、君子茶礼、闺房茶礼等诸多形式。

成人茶礼是韩国茶日的重要活动之一。礼仪教育是韩国用儒家传统教化民众的一个重要方面，如冠礼（成人）教育，就是培养即将步入社会的青年人的社会义务感和责任感。成人茶礼是通过茶礼仪式，对刚满20岁的少男少女进行传统文化和礼仪教育，其程序是司会主持成人者赞者同时入场，会长献烛，副会长献花，冠者（即成年）进场向父母致礼向宾客致礼，司会致成年祝辞，进行献茶式，成年合掌致答辞，成年再拜父母，父母答礼。

高丽五行茶礼是古代茶祭的一种仪式。茶叶在古高丽的历史上，历来是"功德祭"和"祈雨祭"中必备的祭品。五行茶礼的祭坛设置是，在洁白的帐篷下，放置八只绘有鲜艳花卉的屏风，正中张挂着用汉文繁体字书写的"茶圣炎帝神农氏神位"的条幅，条幅下的长桌上铺着白布，长桌前置放小圆台三只，中间一只小圆台上放青瓷茶碗一只。五行茶礼的核心，是祭拜韩国崇敬的中国"茶圣"——炎帝神农氏。

日本茶室

日本抹茶与煎茶

第四节　探秘日本茶道

唐朝时，大批日本遣唐使来华，到中国各佛教胜地修行求学。当时中国的各佛教寺院，已形成"茶禅一味"的一套"茶礼"规范，这些遣唐使归国时，不仅学习了佛家经典，也将中国的茶籽、茶的种植知识、煮泡技艺带到了日本，使茶文化在日本发扬光大，并形成具有日本民族特色的艺术形式和精神内涵。

唐贞元二十年（公元805年），日本最澄禅师来浙江天台山国清寺，师从道邃禅师学习天台宗。最澄从浙江天台山带去了茶种归国，并植茶籽于日本近江（今滋贺县）。

京都建仁寺内为纪念荣西而立的茶碑

根据《空海奉献表》（《性灵集》第四卷）记载，日本延历二十三年（公元805年），留学僧侣空海来到中国，在两年后归日时，空海带回了大量的典籍、书画和法典等物。其中奉献给嵯峨天皇的《空海奉献表》中提到"观练余暇，时学印度之文，茶汤坐来，乍阅振旦之书"。有关茶的确实的文字记载出现在《空海奉献表》以后的第二年问世的《类聚国史》，其中记载了嵯峨天皇行幸近江国、滋贺的韩崎，路经崇福寺，在梵寺前停舆赋诗时，高僧都永忠亲自煎茶奉上。

最澄之前，天台山与天台宗僧人也多有赴日传教者，如六次出海才得以东渡日本的唐代名僧鉴真等人，他们带去的不仅是天台派的教义，而且有科学技术和生活习俗，饮茶之道无疑也是其中之一。

茶自唐代传入日本，日本茶道的形成深受中国禅宗的影响。最澄从浙江天台山带回茶籽，种在背振山麓，成为日本最古之"日吉茶园"。宋代，日本僧人荣西在天台习禅数年，回国时带回茶种、饮茶方法及有关茶书，并撰写了日本第一本茶书《吃茶养生记》。1241年，留学僧圆尔辨圆从浙江径山带回《禅院清规》、径山茶种和饮茶方法，并制订出《东福寺清规》，将茶礼列为禅僧日常生活中必须遵守的行仪作法。1259年，南浦昭明则将径山茶宴系统地传入日本。之后，经过村田珠光、武野绍鸥和千利休等人的完善，将

千利休

茶道精神总结为和、敬、清、寂，且须由茶室、庭院及茶具作为基本要素来贯通和体现。日本茶道便是在此基础上发展演变。

日本茶文化虽源自中国，但经过本土文化的滋润，形成了别具风格的茶道文化。作为日本文化的结晶，日本茶道也是日本文化的最主要代表，集美学、宗教、文学及建筑设计等为一体，重视通过茶事活动来修身养性，达到一种人与自然和谐的精神意境。

经过六七百年的漫长岁月，日本茶道发展出众多流派，比较重要的流派现有以千利休为流祖的三千家，即里千家、表千家和武者小路千家。此外，还有薮内流、远洲流、宗遍流、庸轩流、有乐流、织部流、石州流等。日常生活中，日本人主要品饮绿茶，尤其以蒸青绿茶居多。近年来，为满足日本国内的市场需求，研制开发出了各种罐装茶饮料，并在车站、街头的自动售货机中销售。

第五节　茶迷贵妇人
——英国下午茶

英国最早出售茶叶的加仑威尔士咖啡店

早在1600年，英国茶商托马斯·加尔威写过一本名为《茶叶和种植、质量和品德》一书。1639年，英国人首次来华与中国商人接触，对茶叶贸易做了调查，但未进行交易。1644年开始，英国在厦门设立机构，采购武夷茶。1702年，英国又在浙江舟山采购珠茶。1658年，英国出现第一则茶叶广告，是至今发现的最早的售茶记录。1669年，第一批由英国直接进口的茶叶在伦敦上岸。1820年以后，英国人开始在其殖民地印度和锡兰（今斯里兰卡）种植茶树。1834年，中国茶叶成为英国的主要输入品，总数已达3200万磅。

　　英国茶文化一开始就和皇室挂上了钩。1662年嫁给英王查理二世的葡萄牙公主凯瑟琳，人称"饮茶皇后"，当年她的陪嫁包括221磅红茶和精美的中国茶具。在红茶的贵重堪与银子匹敌的年代，皇后高雅的品饮表率，引得贵族们争相效仿。由此，饮茶风尚在英国王室传播开来，不但宫廷中开设气派豪华的茶室，一些王室成员和官宦之家也群起仿效，在家中特辟茶室，以示高雅和时髦。

　　到了19世纪初期，茶在英国日渐普遍，著名的英国下午茶就出现在维多利亚时代。斐德福公爵夫人安娜·玛丽亚常在下午四点左右邀请朋友喝茶聊天，之后这一活动逐渐普及到各阶层，于是就形成了下午茶

凯瑟琳皇后

（Afternoon tea）。如今，下午茶已成了英国人的一种生活方式和一种休闲文化。

事实上，英国下午茶的出现是和时代的发展紧密相连的。在18世纪末，人工照明已经有了长足的发展，人们的生活不再拘束于日出而作、日落而息的习惯。尤其是当时的上层贵族家庭，人工照明手段的发展使得晚餐的时间越来越晚，当时英国人吃晚餐通常为8点左右，为了填充午饭与晚餐之间长时间的空档，渐渐地就发展出了喝下午茶、喝茶点的习俗。

在英式下午茶会上，主人多选用极品红茶，配上中国的瓷器或者银质餐具，加上铺有白色蕾丝花边的桌布，形成一个优雅独

18世纪英国的下午茶

特的饮茶空间。时间通常选在下午4点整，女主人穿着正式的服装亲自为客人服务。点心架分三层，第一层放三明治，第二层放传统英式点心司康饼、第三层则放蛋糕及水果塔，吃的时候要记得从下往上吃起，不要搞错顺序。

喝茶时通常要加奶，并且用小勺子搅拌。标准的搅拌方式是把勺子放在杯子的六点钟位置，然后握住茶托，顺时针转动勺子几次，然后再从6点钟位置把勺子拿出，放在茶托中，小心搅拌时不要把茶洒出来，也不要把勺子留在杯中。

英国人喜欢香草茶、水果茶，饮茶时会在茶里掺入橘子、玫瑰，有时加一块糖或少许牛奶。据说，茶中加入这些物质，就使易于伤胃的茶碱减少了，更能发挥茶的保健功效。在英国，饮茶又分早茶、午饭茶、下午茶和晚饭茶。

第六节　绿茶也香甜
——摩洛哥茶饮

摩洛哥位于北非地区，东接阿尔及利亚，南部为撒哈拉沙漠，西濒浩瀚的大西

摩洛哥饮茶

摩洛哥饮茶场景

洋，北隔直布罗陀海峡与西班牙相望，扼地中海入大西洋的门户。由于非洲的多数国家气候干燥、炎热，居民多信奉伊斯兰教，不饮酒，因而饮茶已成为日常生活的主要内容。无论是亲朋相聚，还是婚丧嫁娶，乃至宗教活动，均以茶待客。这些国家多爱饮绿茶，并习惯在茶里放上新鲜的薄荷叶和白糖，熬煮后饮用。

摩洛哥国内市场每年要消费6万多吨茶叶，98%来自中国，主要是绿茶中的珠茶和眉茶，多年来占据中国茶叶出口排名第一的位置。摩洛哥是北非地区仅有的绿茶消费国，茶对于摩洛哥人的重要性仅次于吃饭。摩洛哥人一般每天至少喝三次茶，多的可达十多次。

摩洛哥人喝茶也有自己的一套方法，茶壶、茶盘、茶杯等茶具，以及绿茶、白糖和新鲜的薄荷叶是常见的泡茶配套。如果到了冬天薄荷叶不是很多的时候，他们会用新鲜的艾草来替代，也能散发出特别浓郁的摩洛哥茶风。摩洛哥的茶壶很奇特，一般的茶壶外表由铜浇铸而成，壶内镀上一层银，壶嘴很长，类似老北京功夫茶馆中的茶壶。茶杯雕刻着富有民族特色的图案和花纹，非常精致。

　　摩洛哥人喜欢喝浓茶，不仅茶叶量大，糖也加得多。当地人认为，只有本地出产的糖，才能泡出最好的茶。最正宗的摩洛哥薄荷茶是不放方糖的，而是放摩洛哥当地的糖。这种糖块的形状如同一支雪茄，上端细，下端粗，一块大概有2千克重。泡茶之前，妇女们用一个小锤子把巨大的糖块敲碎，装入糖罐里。他们认为，只有这样的糖，才能泡出最好的摩洛哥茶。

摩洛哥茶冲泡

第七节　北欧风情

——俄罗斯茶

　　茶叶最早传入俄国，据传是在公元6世纪时，由回族人运销至中亚细亚。到元代，蒙古人远征俄国，中国文明随之传入。

　　到了明朝，中国茶叶开始大量进入俄国。1618年，明使携带茶叶两箱，历经18个月，到达俄京以赠俄皇。

　　至清代雍正时期，中俄签订互市条约，以恰克图为中心开展陆路通商贸易，茶叶就是其中主要的商品，其输出方式是将茶叶用马驮到天津，然后用骆驼运到恰克图。

　　鸦片战争后，沙俄在中国得到了许多贸易特权，1850年左右开始在汉口购买茶叶，俄商还在汉口建立砖茶厂。此外，欧洲太平洋航线与中国直接通航后，俄国敖德萨与海参崴港与中国上海、天津、汉口和福州等航路畅通，俄国商船队相当活跃。后来，俄国又增设了几条陆路运输线，加速了茶叶的运销。

　　随着华茶源源不断的输入，俄国的饮茶之风逐渐普及到各个阶层，19世纪时出现了许多记载俄国茶俗、茶礼、茶会的文学作品，如俄国著名诗人普希金就有俄国"乡间茶会"的记述。

　　在俄罗斯，人们甚至还为饮茶发明了一种茶具，那就是俄罗斯茶炊，甚至有"无茶炊便不能

俄罗斯贵妇饮茶

算饮茶"的说法。茶炊其实是茶汤壶，多以金属制，有两层，壁四围灌水，在中间着火加热。通常为铜制，外形也多样，有球形、桶形、花瓶状、罐形等。茶炊在俄罗斯几乎是家家户户必不可少的器皿，也是人们外出旅行郊游携带之物。

俄罗斯茶炊

通常认为，俄国人所居住的地区多为森林地区，木头、炭等燃料很容易获得，而茶炊则因为其便携性和特殊的构造，适合俄罗斯人饮茶方式得以大量生产和使用。到19世纪20年代，离莫斯科不远的图拉市一跃成为生产茶炊的基地，仅在图拉及图拉州就有几百家加工铜制品的工厂，主要生产茶炊和茶壶。到1912年、1913年，俄罗斯的茶炊生产达到了顶峰阶段，当时图拉的茶炊年产量已达66万只，可见茶炊市场的需求量之大。

俄国人爱饮红茶，并习惯加糖、柠檬片，有时也加牛奶。此外，还伴以大盘小碟的蛋糕、烤饼、馅饼、甜面包、饼干、糖块、果酱、蜂蜜等茶点。有趣的是，俄罗斯人还喜欢用茶碟喝一种加蜜的甜茶。喝茶时，手掌平放，托着茶碟，用茶勺送进嘴里一口蜜后含着，接着将嘴贴着茶碟边，带着响声一口一口地吮茶。

第八节　有趣的印度拉茶

印度很早就从西藏引入了饮茶法。1780年，英国东印度公司引进茶籽入印度加尔各答、不丹等地试种，但因种植不当而没有成功。 1834年，印度组织了一个研究中国茶在印度种植问题的委员会，并派遣人员来中国调研，引种了大批武夷茶籽，并雇用了中国工人，经过多次试验，最终成功在印度培植茶树。1950年后，印度茶业迅猛发展起来。今日的印度已经是世界上茶的生产、出口和消费大国。

如今，印度所产的茶叶有世界著名的阿萨姆（Assam）和大吉岭（Darjeeling）等。印度也是世界上主要的茶叶消费大国，所饮的茶多为红茶。或许由于气候炎热，印度人喜欢喝调饮茶，会在茶汤中添加香料、砂糖和牛奶等。

印度茶园

印度茶叶店

印度奶茶

印度拉茶，通常指一种添加香料的马萨拉茶的做法。马萨拉茶是印度独有的一种香料茶，香气强烈而刺激，茶汤中充满了香料伴着红茶的奇妙香味，体现了独特的异国风情。在初春阴冷潮湿的季节饮用，可以起到开胃、通气、祛湿寒、提神醒脑、预防感冒的作用。选用的香料有小豆蔻、桂皮、丁香等。小豆蔻又称豆蔻籽，起源于印度，其绿色的外壳内包裹着许多黑色小颗粒种子，味道辛辣，很像胡椒味。印度奶茶中的独特香气也是源自于此。

虽然马萨拉茶的制作非常简单，但是喝茶的方式颇为奇特：茶汤调制好后，不是斟入茶碗或茶杯里，而是斟入盘子里；不是用嘴去喝，也不是用吸管吸饮，而是伸出舌头去舔饮，故当地人称之为舔茶。

印度人每天都会花一些时间在喝茶上，不管穷人还是富人，不管有多忙，每天都会喝这种马萨拉茶。观看马萨拉茶的制作过程也是一种享受，制茶人动作娴熟，把水倒入小汤锅中烧沸，加入绿色小豆蔻、桂皮、老姜、丁香和八角，煮制约5分钟后，将阿萨姆红茶叶放入小汤锅中，用大火煮制约4分钟，最后把全脂牛奶和白砂糖倒入锅中，再次烧沸混合均匀后，用小筛网滤掉老姜、阿萨姆红茶叶和各种香料渣，一杯纯正的马萨拉茶就制作完毕了。

第九节 美国冰茶

美国人饮茶的习惯是由欧洲移民带去的，因此饮茶方式大致与欧洲相同。到美国独立战争爆发前，整个北美殖民地人民已将茶叶当作日常生活中的重要饮料。

1773年，英国政府为倾销东印度公司的积存茶叶，通过《救济东印度公司条例》。该条例给予东印度公司到北美殖民地销售积压茶叶的专利权，免缴高额的进口关税，只征收轻微的茶税，并且明令禁止殖民地贩卖"私茶"。东印度公司因此垄断了北美殖民地的茶叶运销，其输入的茶叶价格较"私茶"便宜百分之五十。该条例引起北美殖民地人民的极大愤怒。

1773年12月16日晚，英国三艘满载茶叶的货船停泊在波士顿码头，愤怒的反英群众将东印度公司三条船上的342箱茶叶投入海中，史称波士顿倾茶事件，这是美国第一次独立战争的导火线。

美国波士顿事件纪念馆，就设在当年的载茶船上

美国独立后，茶叶无需经由欧洲转运，茶叶成本随之降低，但茶叶在美洲仍是高级饮料。1784年2月，美国的"中国皇后"号商船从纽约出航，经大西洋和印度洋，首次来中国广州运茶，获利丰厚。从此，中美之间的茶叶贸易与日俱增，不少美国的茶叶商户成为巨富。

1904年夏天，世界博览会在美国圣路易斯市举办，一位茶商理查跃跃欲试，想把自己的茶叶趁着博览会期间推销出去。但圣路易斯的夏天炎热难当，人们根本不想喝热的饮料，连理查自己都喝不下手中那杯热腾腾

美国冰茶

北美人民喜饮的速溶茶

美国家庭饮茶

的红茶。理查灵机一动，将冰块放到了红茶里面，没想到这冰红茶清凉畅快，深受人们喜爱，于是他转卖冰红茶，大赚了一笔。这便是冰茶的由来。

当然，美国各地制作冰茶的方法并不完全一致。在美国西南部地区，人们流行用太阳光来制作冰茶，所以也被叫作"太阳茶"。首先将可以放一加仑矿泉水的宽口瓶加满水，放在家门口阳光充足的空地上。然后加入一些茶包或是上等红茶茶叶。这样的"烘晒"并不会使水变苦。通常曝晒的时间是从早晨至中午，到了日正当中，正好是最让人解渴的午餐茶上场的时候。可以加上茶冰块或是柳橙汁冰块，再加上一小片的薄荷和一些糖，让太阳茶产生了特别风味。

近一个世纪以来，美国人的饮茶力求简单，更多人喜欢喝速溶茶。茶叶消费的主要方式是速溶茶和冰茶。用袋泡茶，加冰块、方糖、蜂蜜或甜果酒，即可调制出一杯更加美味的茶饮。而冰茶占了美国茶叶市场的85%以上。而且，不是只有在夏天或是炎热的月份里冰茶才有销路，目前冰茶可是一年到头都受欢迎的产品。尽管如此，冰茶所使用的茶叶品质可一点儿都不能马虎。上等的茶叶才能泡出最好的茶，不管是热饮还是冰饮。事实上，就算最上等的茶叶，不论是叶茶或是茶袋，在所有饮料之中都算是最经济的饮品。

第四篇 中国茶叶博物馆简介

中国是茶的故乡，也是茶文化的发源地。茶是中华民族的举国之饮，发于神农，闻于鲁周公，兴于唐朝，盛于宋代，普及于明清之时。为弘扬中国悠久灿烂的茶文化，1990年，西子湖畔迎来了一座以茶和茶文化为专题的国家级博物馆——中国茶叶博物馆。

今日，茶博独具江南韵味的一馆两区：风采自见，馆区四周茶园凝翠，馆内功能建筑错落有致，淳朴清新的风光富有江南园林的独特韵味。

中国茶叶博物馆，坐落于杭州西湖之西，分为双峰馆区和龙井馆区两个馆区，是我国唯一以茶和茶文化为主题的国家级专题博物馆。两馆区占地面积共约12.4万平方米，建筑面积约1.3万平方米，集文化展示、科普宣传、科学研究、学术交流、茶艺培训、互动体验，以及品茗、餐饮、会务、休闲等服务功能于一体，是中国与世界茶文化的展示交流中心，也是茶文化主题旅游综合体。

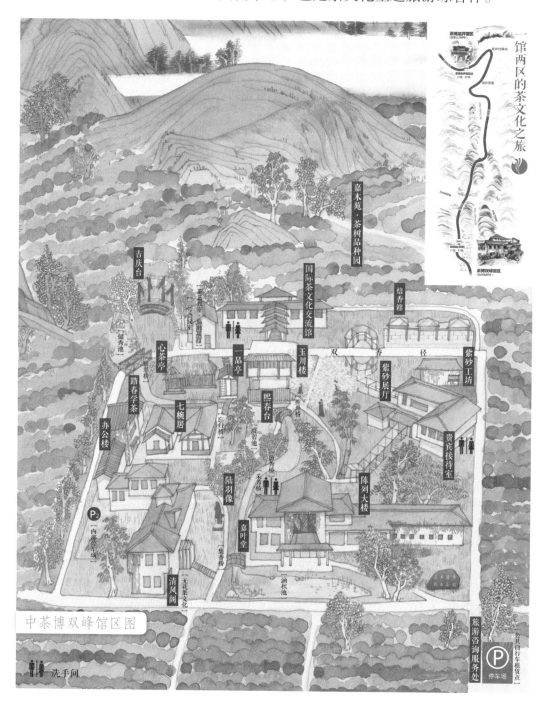

中茶博双峰馆区图

中茶博双峰馆中的茶圣陆羽像

中茶博双峰馆茶史厅一角

一、双峰馆区

双峰馆区建成开放于1991年4月，是一个"馆在茶间、茶在馆内"的生态型无围墙博物馆，大气，开放，雅致。基本陈列以中华茶文化为主线，讲述了茶从苍莽丛林走入市井百姓的故事。每一个展馆都从不同角度，从古至今，用文字、图片、器物、场景等描绘了茶叶在人类生活中的重要角色。

茶史厅　通过展示茶饮用方式演变、茶文化历史遗迹、有关茶的诗词歌赋和茶学专著，将茶叶在各个时代生活中的细节一一勾勒。

中茶博双峰馆入口处

茶萃厅 在这里，可以找到100多种茶叶，分为绿茶、红茶、乌龙茶、黄茶、白茶、黑茶六大茶类及再加工茶类，并且都有实样陈列其中，集中展现了中国茶人的智慧。

中茶博双峰馆茶萃厅一角

茶事厅 在这里，展示了历代茶人摸索和积累的有关茶树的种植、采制、保存、品鉴、应用等茶叶科学，以及因茶而创作的各类茶事艺文。

中茶博双峰馆茶事厅一角

茶具厅 在这里，可以看到茶壶、茶杯、茶托、储茶罐、茶碾、茶匙、茶则等各种与茶有关的器具。"器为茶之父"这句古话，在这里通过几百件展示品得到了充分的印证。

中茶博双峰馆茶具厅一角

茶俗厅 在这里，有一场跟着茶叶走遍全国的旅行。不同地区、不同民族饮茶、爱茶的日常生活一一呈现，还能可以亲手打制藏民家的酥油茶，也有随时上演的福建功夫茶道。

中茶博双峰馆茶俗厅一角

中茶博双峰馆紫砂厅一角

紫砂厅 在这里，由吴远明先生向中国茶叶博物馆无偿捐赠的100件紫砂茶具几乎涵盖了中国紫砂发展的各个阶段，还包括近代一些名家作品。

二、龙井馆区

龙井馆区建成开放于2015年5月，是最具山地园林景观特色的茶主题互动体验型博物馆。依山而建的江南民居群里，"世界茶"成为一条完整的游览主线，你可以用静态环游世界的方式，感受世界各国人民对茶叶的喜爱。中国茶业的发展品牌化、西湖龙井茶的前世今生，也是龙井馆区的展览主题之一。

中茶博龙井馆区入口处

中国茶叶博物馆 龙井馆区

中茶博龙井馆区图

中茶博龙井馆区内景

中茶博龙井馆区世界茶展厅一角

世界茶展厅　在这里，可以看到茶叶如何从中国走向世界。每个国家和地区都有独特的饮茶习俗，日本茶道、印度拉茶，英式下午茶……跟着茶叶就可以走遍全世界。

中茶博龙井馆区品牌馆一角

中国茶业品牌馆　在这里，你可以看到历朝历代中国最著名的茶叶产地和品牌，了解到中国茶叶品牌形成和发展变迁的全过程，展现中国茶业品牌建设成就。

中茶博龙井馆区西湖龙井茶展厅一角

西湖龙井茶专题展 在这里，西湖龙井茶的前世今生被一一呈现，龙井的盛名与西湖山水名人轶事息息相关，每一个故事都带着龙井的诗情画意。这里更有西湖龙井茶精湛的制作技艺及品饮方式展现，让人感受到非物质文化遗产的魅力。

两个馆区相距2.5千米，漫步而行最合适不过。沿着龙井八景，走御道，游茶园，寻茶味，过溪亭、涤心沼、一片云、风篁岭、方圆庵、龙泓涧、神运石、翠峰阁，"龙井八景"的自然之趣古已有之，被乾隆皇帝誉为"湖山第一佳"，也留有苏东坡与高僧辩才"虎溪送客""茶禅一味"的佳话。

中茶博双峰馆中的一品亭

中茶博龙井馆中的问茶亭

中茶博双峰馆紫砂工坊制壶体验

除了展厅与茶园美景，中国茶叶博物馆内更有能DIY茶具的紫砂工坊，能学习琴艺、书法、棋技的听琴书声馆，能休闲品茗购物的众多茶馆与茶店等等。

开放时间： 5月—9月　9:00—17:00

10月—次年4月　8:30—16:30

地　　址： 双峰馆区　杭州市西湖区龙井路88号

龙井馆区　杭州市西湖区翁家山268号

中茶博龙井馆茶坛